宴席设计实务

王元海 邓介强 著

吉林出版集团股份有限公司 | 全国百佳图书出版单位

图书在版编目（C I P）数据

宴席设计实务 / 王元海，邓介强著.—长春：吉林出版集团股份有限公司，2020.6

ISBN 978-7-5581-8175-7

Ⅰ.①宴… Ⅱ.①王… ②邓… Ⅲ.①宴会—设计 Ⅳ.①TS972.32

中国版本图书馆CIP数据核字(2020)第118874号

宴席设计实务
YANXI SHEJI SHIWU

作　　者：王元海　邓介强　著
责任编辑：何　武　杨　帆
开　　本：889mm x 1194mm　1/16
字　　数：248 千字
印　　张：10.5
版　　次：2022年6月第1版
印　　次：2022年6月第1次印刷
出　　版：吉林出版集团股份有限公司
发　　行：吉林音像出版社有限责任公司
　　　　　吉林北方卡通漫画有限责任公司
地　　址：长春市南关区福祉大路5788号
邮　　编：130062
电　　话：0431-81629660
发 行 科：0431-81629667
印　　刷：三河市嵩川印刷有限公司

ISBN 978-7-5581-8175-7　　　定价：40.80 元

前　言

preface

在烹饪专业、酒店服务与管理专业的人才培养方案中，宴席设计是一门实务性的专业必修课。

为了突现科学性、规范化和实用性的编写原则，本教材的编写在内容的安排上强调与工作岗位相适应，理论知识以“必需、够用”为原则，实践技能则强调科学与规范，尽可能地培养学生的实际动手能力；在典型材料的取舍上，力图将宴席设计的最新成果融入课程体系中，以实现培养学生设计能力、应用能力和创造能力之目的；在教材结构的安排上，尽可能符合“理论实践一体化”教学模式的要求，以酒店的工作岗位职责为切入点，深入浅出，避免只重理论知识而忽略如何将设计变为现实的不足。

本教材适于职业院校烹饪专业及酒店服务管理专业的学生使用，也可作为从业人员的培训教材。通过本课程的学习，学生可系统地掌握宴席设计的基本理论和基本技能，树立科学的宴席设计观；从而灵活自如地设计各类宴席菜单，及时解决宴席设计、制作、服务及管理过程中的实际问题。

虽然编写人员一直承担宴席设计课程的教学工作，发表了多篇有关宴席设计的文稿，但由于水平有限，书中的缺点和疏漏在所难免，诚盼使用本教材的读者提出宝贵意见，以便修订完善。

编　者

目　录

contents

模块一

概　　述

学习目标

- 了解菜单与宴席设计的起源与发展
- 掌握菜单与宴席设计的特点与作用
- 掌握菜单与宴席的分类方法
- 了解菜单与宴席的命名

菜单与宴席设计，是餐饮企业根据经营项目、用餐对象、饮食习惯及要求，设计出不同类别、规格的饮食菜单并加以制作的过程。

我国的烹饪文化历史悠久，博大精深，驰誉世界。历代名厨名师无一不是设计宴席和制作菜品的高手，为后世留下了许多独具风格、脍炙人口的菜肴、菜单。这些菜蕴含着中国的饮食文化、科技和艺术，是一笔弥足珍贵的文化遗产。随着我国国民经济的发展，人民生活水平的不断提高，国际、国内的交流日益频繁，人们对餐饮业的要求越来越高，一份好的菜单与宴席设计既可以作为餐饮企业与顾客交流的工具，宣传产品种类，塑造企业形象，吸引顾客消费，又可以作为餐饮企业的工作文件和员工工作指南，提高餐饮企业的竞争力，提高餐饮企业的经济效益，同时还是衡量厨师或餐饮管理者水平的重要标志。

任务一 菜单与宴席设计的起源与发展

我国菜单与宴席设计的起源与发展，经过了一个漫长的历史过程。在上古时期，由于社会生产力很低，人们衣不遮体，食不果腹，不可能有什么菜单与宴席。随着生产力的发展，食物日益丰富，人们的交往不断增多，逐渐形成多人聚餐的方式，菜单与宴席设计也随之产生，并不断地发展完善。其发展，大致有如下几个阶段：

一、起源阶段

我国菜单与宴席设计的起源，可以追溯到三千多年前的殷朝时期。历代殷王为祭祀他们的祖先，就用牛鼎、鹿鼎等盛器来盛装祭品，在祭祀之后，所有参加者便围在那些装满食物的祭器旁尽情饱餐一顿。所以在《礼记·表记》中有“殷人尊神，率民以事神，先鬼而后礼”的记载。此后，奴隶主阶级为了巩固政权，极力宣传“君权神授”的唯心史观，加剧了先民对神鬼的崇拜，祭祀活动逐步升级，日渐成习，祭品和陈列祭品的礼器应运而生，出现了木制的豆。古代最隆重的祭品是牛、羊、豕三牲组成的“太牢”，这都是祭祀天神或祖宗用的。如果单祭天神，求赐丰收，一只猪蹄便可以；如果单祭战神，保佑胜利，杀条狗也就行了。至于礼器，则有豆、俎、笾等。每逢大祀，还要击鼓奏乐，吟诗跳舞，宾朋云集，礼仪颇为隆重。祭仪完毕，若是国祭，君王则将祭品分赐大臣；若是家祭，亲朋好友将共享祭品。从祭祀形式看，祭品转化为菜品，礼器演变成餐具。后来，殷人逐渐模仿祭祀鬼神的做法来宴请客人，如殷纣王当政时，最为奢侈。根据《史记正义》引《括地志》，纣王每次野宴的时候，在离宫、馆之间，挂起来的肉像个树林，还特别筑一个池，里面放满了酒，用酒糟堆成山，划船在酒池里豪饮，到处笙歌管弦，深夜不绝，男女三千多人，饮到醉醺醺之时，就举行裸体群舞，真是荒淫无道。尽管如此，殷朝无论祭祀活动，还是纣王野宴，其盛器简陋、食品粗俗，谈不上什么菜单与宴席设计，只能说是其雏形。

二、形成阶段

周朝时期，菜单与宴席设计有了很大的进展，宴席从过去主要为祭祀而设发展为有许多宴席是名正言顺为活人而设，各种制度趋于讲究。例如，三年一次的“乡饮酒”礼规定：60岁以上的人可以坐席而食，而50岁及以下的人只能站着伺候长者，站着饮食。在许多场合，贵客和尊主进食，均由自己的妻妾举案献食或由仆人献食，吃一味，献一味，一味食毕，再献另一味。并规定，天子膳食，由膳夫献食，膳夫要先尝食，目的是表明食物无毒。在菜品设计上也有严格规定，往往以菜点的多少体现森严的等级差别。如天子之豆二十有六，诸公十有六，诸侯十有二，上大夫八，下大夫六。（见《礼记·礼器》）又传，一个诸侯请下大夫吃一顿饭，要45个馔肴，其中正馔33件，加馔12件，并且都有一定的规定。这大概是后世必须制定菜单与宴席设计的来历。

三、发展阶段

唐宋时期经济空前繁荣，科学文化相当发达，对外交往日益频繁，菜单与宴席设计也进入了一个变革的发展时期。从形式上来看，由席地而食上升为坐椅凳，凭桌而食，席面也随之升高。宴席的概念有了新的含义，不再代表旧时铺地的坐垫。到了五代前后，便有了木椅，椅背上有靠背椅单，用虎皮之类做成，即太师椅。把铺在地上的筵席升到桌上，有了围桌的桌帏，并把编草制品变成了布制品。从此，那种席地而宴的不卫生的局面也就结束了，并且实行了分食制。五代时贵胄饮宴，实行一人一桌一椅的一席制，每个席面上各置食馔数品。（见《韩熙载夜宴图》）可见，分食制并不是仅兴于西方国家的饮食方式，我国也有着悠久的饮食分食习惯。

从菜单规格上来看，《镜花缘》中就有有关宴会的描述：“宾主就位之初，除果品、冷菜十余种外，酒过一二巡，则上小盘小碗，少者或四或八，多者十余种至二十余种不等，其间或上点心一二道，小吃上完，方及正肴，菜既奇丰，碗亦奇大，或八九种至十余种不等。”再如唐代韦巨源招待唐天子的“烧尾宴”，各种菜点多达58道。但是南宋绍兴二十一年（1151年），清河郡王张俊在家中宴请宋高宗，各种菜点共计250件。（见《武林旧事》卷9）唐宋御宴，不仅菜多，桌次也多，赴宴者常常多达数百人，还有各种大型歌舞杂技助兴。另外，在宴会的用料上也更为广泛，已从山珍扩大到海味，由家禽扩展到异物，菜肴花式推陈出新，烹调工艺日益精湛，使菜品与宴席设计达到了很高的水平。

四、成熟阶段

明清时期，是我国烹调技术发展的全盛时期，也是菜品与宴席设计趋于成熟时期，无论是餐厅设施设备，还是菜品与宴席设计的规模和种类，都是前世无法比拟的。

从餐厅的设备设施来看，明清之际出现了红木八仙桌，清代康熙乾隆年间出现了团圆桌，又称大圆桌。太师椅、鼓形凳在餐厅到处可见，桌帏、椅套不少均是丝绸、锦缎绣品制成。餐具品种多种多样，式样十分讲究。餐厅环境，注重雅致舒适，布置要求富丽堂皇。宾客入座，讲究一定的规矩。

从宴席的规模、名目和结构来看，唯有“千叟宴”场面最大，规模最盛，耗费最巨。“千叟宴”系清代宫廷为年老重臣和各地贤达耆老举办的高级礼宴，因与宴者均是60岁以上的男子，每次都超过千人或数千人，故称“千叟宴”。清廷千叟宴，从康熙到嘉庆前后举办过四次，以后，由于财力不足，这种规模盛大的宫廷宴礼，再也不举办了。后来，清代官场中流行一种“满汉全席”，这种“满汉全席”规定满族菜和汉族菜并举，大小菜肴共108件，其中南菜54件，北菜54件，且点菜不在其中，有时满汉全席菜肴多达200多种。到了光绪年间，西太后（慈禧）的生活更加骄奢，满汉全席菜肴更加丰富精美。一般官宦每逢宴客，也无不以设满汉全席为荣。当时在菜单与宴席设计的技术上，有了全新的发展，制作技艺和设计水平日臻完善。如烹调方法有炒、爆、煨、炸、烤、烘、炖、焖、熘等，所用原料非常广泛。菜品结构上，有冷菜、热炒、大菜、饭点、茶果等。市肆酒楼、饭馆的宴会规格，往往以原料贵贱、碗碟多少、技艺高低来区分档次，有的以一桌主菜定名，如燕窝席、鱼翅席、海参席等。有的按宴会的规格不同分为十六碟（八大八小）、十二碟（六大六小）、八碟（四大四小）、十大件、八大吃、八大碗等。还有“十六碟，八簋，四点心”（见《随园食单》）。还有全羊席、全牛席、全鱼席、全鸭席、全蟹席、全素席等。总之，明、清时期，宴席设计无论是规模，还是菜品种类及技术水平都是空前的。

五、改革创新阶段

新中国成立后，特别是改革开放以来，党和政府非常重视饮食业的发展，创办了各种各样的烹饪院校和研究机构，广大烹饪工作者在继承和发扬传统烹调工艺的基础上，对菜品与宴席设计进行大胆改革、不断创新。从过去品种数量多而粗糙，到现在品种精而细腻（国宴从过去规定“四菜一汤”到现在规定“三菜一汤”）；从过去菜品名称陈旧重复，思想性、技艺性、科学性很难协调发展，到现在菜品的主题、名称新颖，思想性、技艺性、科学性能有机结合。特别是采用“古为今用，洋为中用”方针，打破传统的帮派壁垒，选用新原料、新调料、新工艺、新设备，广集各菜系之长，古菜翻新，新菜复古，中菜西做，西菜中做，菜点结合，土洋结合，使菜单与宴席设计更具有广泛的民族性、时尚性和科学性。

纵观中国的餐饮历史，菜品与宴席设计源于殷朝，形成于周朝，兴于唐宋，盛于明清。随着历史变迁，菜品与宴席设计从简到繁，又从繁到简，更加符合人们的需求。

当今的菜品与宴席设计，已成为餐饮企业在经营中不可缺少的一部分，无论是各类餐厅，还是举办国宴，或是大众酒席均少不了菜品的设计，菜品设计的好坏不仅反映出饭店的经营和烹调技术的水平，同时直接关系饭店餐饮的经济效益和社会效益。随着我国人民生活水平的不断提高，国际交往日益频繁，人们对饮食的要求和对美好生活的追求有了更高的标准，对菜品与宴席设计也赋予了更新的任务和要求。

任务二

菜单与宴席设计的特点与作用

一、菜单与宴席设计的特点

菜单与宴席设计，是整个餐饮经营中一道最关键性的工序，设计水平的优劣往往直接关系餐饮经营的好坏，要使设计达到理想的效果，必须掌握菜单与宴席设计的特点。

1. 知识的全面性

一个合格的菜单与宴席设计者，必须具有丰富的知识，不但要掌握烹饪原料学的有关知识，懂得各种烹饪原料的产地、产季、质量和价格高低，还要掌握烹饪学的有关知识，懂得各种菜肴在烹调过程中的理化反应、色泽变化、加热时间等，同时，还要掌握营养学、心理学、美学、生理学、管理学等多学科的有关知识，才能胜任菜单与宴席的设计工作。

2. 工艺的丰富性

在菜单与宴席设计中，无论是零点菜单还是宴席菜单，都要根据顾客的需求和风格习惯，做到风格统一、变化有序，避免菜品单一、工艺雷同。如设计零点菜单，有冷菜、热炒、大菜、点心、汤类等内容，菜品的色泽、口味、烹调方法等应该是多种多样，给顾客有挑选的余地。如设计套餐或宴席菜品时更要注意菜肴的变化，在选用原料上有山珍海味、鸡鸭鱼肉、蔬菜等；在刀工处理上有块、条、丁、片、末、蓉等；在菜肴色泽上要讲求五颜六色；在烹调技法上有炒、爆、烧、烘、炖、焖、煨等多种方法；在口味上要有酸、甜、苦、辣、咸、香、鲜等多种味道；在菜肴的质感上要有脆、软、嫩、酥、糯多种区别；在器皿运用上有陶瓷、玻璃制品等多种原料制成的盘、碗、碟、盅、锅等；菜品有冷菜、热炒、大菜、点心、汤等多种类型，数量不宜太多或太少，要恰到好处。

3. 类别的差异性

菜单的种类很多，有零点菜单、团体套餐菜单、各种宴席菜单、快餐菜单等，其档次也有很大的差别。所以，不同菜单的设计方法也不一样。如零点菜单中，要求有冷菜、热炒、大菜、点心、汤类等菜肴，其菜肴数量要有一定的比例，使顾客有选择的余地。团体套餐要求每天的菜肴不能雷同、数量不宜太多或太少，上菜的速度要快。宴席菜应根据价格高低，在用料、制作方法、菜肴的结构等方面有很大的区别。由于不同地区，人们的生活习惯和消费水平存在差异，在菜单设计中要特别注重当地的饮食习俗和风土人情，使人一朝品食，终生难忘。

4. 组织的周密性

菜单与宴席设计牵涉面广，要求高，环节严密，是一个系统工程，在整个组织实施过程中，要考虑各方面的因素，做到万无一失。如在决定菜肴时，就必须考虑原料的供求状况、价格高低、厨师技术水平力量及服务人员的配套等因素，特别在设计重要或大型宴席时更要考虑得全面周到，要从原料采购、厨房设备、厨师的选定分工、餐具清洗、出菜程序、前后台的协调等方面逐一落实。组织者不但要熟悉烹调技术，还要了解服务的程序和标准，具有经营管理和指导才能，每个细节都不能敷衍了事，否则会留下无法弥补的遗憾。

5. 创新的永恒性

菜单与宴席设计的方法不是一成不变的，而是要根据饮食者所在地的生活习惯、风土人情、经济状况和个人的饮食心理等因素不断变化，勇于创新，才能满足不同人群的饮食需求。如欧美人喜食一些用煎、烤、炸等烹调方法制作的菜肴，日本人喜食一些用煮、蒸、炒等烹调方法烹制的清淡菜肴。华侨喜食家乡的传统菜肴，有一种对家乡的思念之情。青年人喜食一些新、奇、怪的时尚菜肴，老年人喜食软嫩易消化的菜肴。随着社会的进步，饮食者对菜肴的要求越来越高，不但要吃得饱，吃得好，更要求吃得卫生，吃得科学，吃得健康。各民族、各地区、各种人群的饮食喜好和习惯不一样，我们在菜品与宴席设计中要根据不同的饮食对象和客人的要求，不断改革，不断创新，才能紧跟时代发展的步伐。

二、菜单与宴席设计的作用

菜单与宴席设计对促进餐饮销售，扩大饭店知名度，加强餐饮业内部的运行与管理等有着十分重要的作用。

1. 促进餐饮销售的重要手段

一份理想的菜单，不仅可以给客人介绍产品的特色、种类、价格和服务，而且可以通过装饰的各种图案、菜肴的照片及艺术的设计，给人一种感性的认识，勾起客人的食欲，促进产品销售。它是连接饭店与顾客的桥梁，起着买卖的媒介作用，提示和吸引新老顾客再次光顾饭店。它无声地宣传和反映了饭店的经营主题、风味特色、菜肴的品种和质量、服务与管理的水平，对促进产品销售起到积极的作用。

2. 扩大饭店声誉的重要途径

在菜单与宴席设计中，设计者往往把本饭店一些名菜、名点、品牌菜、特色菜设计在其中，这不仅反映出饭店的经营风格和特点，而且展示出饭店的烹调技术水平及管理水平，尤其一些重大的宴席，经过精心设计，精心组织，提供优质的菜肴和服务，营造出优雅的环境，会给客人留下深刻印象。通过客人相互的介绍宣传，一定会带来更多的客源，这对扩大饭店的声誉，提升饭店的品牌，增强饭店竞争力有着深远的意义。

3. 员工为消费者服务的重要依据

不同的菜单设计就要求提供不同的服务，客人根据菜单来选择所需的产品，员工根据菜单来满足客人所提出的要求。无论设计的是零点菜单，还是各种宴席的菜单，饭店员工必须依据设计的要求去为客人服务。如菜单中有“清蒸螃蟹”这一菜肴，采购员必须根据菜单设计要求去采购螃蟹，厨师必须根据菜单设计的要求去烹调，服务员必须根据客人吃螃蟹所需的餐具、刀具、钳和签等要求提供服务。再如一份中餐宴席菜单和一份自助宴席菜单，其内容、风格、标准和服务的程序是不一样的，中餐宴席只能先上冷菜，待客人开始进餐时，才能准备开始烹调热菜，而且要根据客人进餐的速度，吃完一个菜再上一个菜，保证菜肴的质量。在服务上以提供筷子、碟盘、汤匙为主。而自助宴席厨师可根据菜单顺序，在客人就餐前半小时左右把所有的菜品逐一摆放在桌上，服务员根据自助宴席的特点和需要增设保温锅、刀、叉、大小不一的碟盘、汤匙、筷子等各种餐具和酒具，目的是根据客人的饮食习惯，提供方便。

4. 控制服务质量和产品价格的重要工具

饭店管理者可根据菜单与宴席设计的内容和要求检查工作，并对产品的价格作必要的评估，定期了解菜单设计中哪些菜肴客人喜欢，哪些菜肴客人很少问津，客人对每个菜肴的价格反应如何，在认真分析后作必要的调整，对那些销售量很低的菜肴可及时改进或取消，对那些销售量很高的菜肴要保质保量、精益求精，为饭店打出品牌。菜品价格的高低，往往是顾客选择饭店消费的重要依据。管理者应根据菜单与宴席设计中的价格，了解每个菜品或每桌宴席的成本率、毛利率、利润率，在保证必要利润的同时，适当调整菜品的价格以吸引顾客消费，扩大产品销售量。菜单与宴席设计是否科学合理，关键是顾客是否认可。所以，管理者一方面要根据菜单与宴席设计的要求来检查工作，提出工作要求，以保证良好的服务和必要的生产利润；另一方面要随时发现问题、解决问题，如更换菜单中的品种，改进服务和生产方法，提高烹调技术水平和服务质量，改善促销方法和定价策略等。所以，管理者可通过菜单与宴席设计来加强对餐饮的管理。

5. 员工工作的重要文件

菜单与宴席设计的内容和风格，对餐饮经营活动有着很大的影响，不同的菜单设计所需要的设备设施、员工工作配备、原料的采购及厨房和餐厅的布局等均不一样。如江苏菜与广东菜在风格上有很大差别，无论是厨房设备的配备，还是烹调风格、服务的程序都不一样。再如烧烤菜单与火锅菜单的设计，其所用的设备设施、菜肴烹调要求、服务方法等方面差异就更大了。如菜单设计有烧烤菜肴，厨房在配备设备时必须有烤箱、烤炉等设备；成品要求现烤现吃，服务中经常以由服务员配餐为主。而火锅菜单的设计，主要配有各种已加工成形的食品原料，火锅多设置在餐桌上。厨房配备的设备以加工切配设施为主，无须烤箱、烤炉。服务员将顾客点的烹调原料送上餐桌后，以由顾客自烹自食为主。还有各种风味宴席和零点菜单的设计，要求也都不一样。所以，餐厅全体员工都要围绕菜单设计的风格和内容去分工，负责选购设备设施，配备挑选厨师和服务员，采购所需的食品原料，确定厨房的布局和餐厅的装潢风格，搞好餐饮的经营管理和成本核算等。

任务三 菜单与宴席的分类与命名

一、菜单与宴席的分类

将菜单与宴席按一定标准或从不同的角度加以分类，对于我们较系统地了解各种菜单的特点、内容和要求，加深对菜单与宴席设计基础知识的理解，掌握菜单设计中的规律有着十分重要的意义。

菜单分类的方法很多，大致可根据餐厅类型、餐别、时间、市场需求等因素来进行分类。

（一）根据经营的方式来划分

可分为零点菜单、套菜菜单、宴席菜单三大类。

1. 零点菜单

又称点菜菜单，使用较为广泛，图文并茂。中式零点菜单一般以冷菜、热菜、大菜、点心、汤类等来划分，也有根据原料的种类来划分为山珍海味类、水产类、禽蛋类、畜肉类、蔬菜类、其他类等。每一道菜都按大、中、小分量标明价格和数量，有的还印上彩照。其特点是菜品口味多样，价格、档次多种，能适应不同层次客人的需求。客人可根据自己的喜好和经济情况来选择菜肴。零点菜单，还经常备有时令菜单、招牌菜单、特选菜单等供客人选择菜肴。

2. 套菜菜单

套菜菜单，种类很多，有双人套菜、三人套菜、四人套菜、多人套菜、团体套菜、会议套菜等。套菜菜单多为经济型，一般根据人数的多少和价格高低，规定有冷菜、热炒、大菜、点心、汤等菜肴，菜肴数量一般在 5 ~ 15 品不等，菜肴制作不宜过于精工细作，尤其是一些旅行团队套菜和会议套菜，因为人数多，菜肴需要大批量地烹调，上菜的速度要快，在较短的时间内，要完成上菜和服务的工作。团队套菜和会议套菜，还要求在饭店就餐期间每日每餐的菜肴不宜雷同，必须准备多套菜单来满足客人的饮食需求。一般性的套菜菜单，也应根据人数的多少、价格的高低，设计多套不同规格、价格的菜单，供客人选择。

3. 宴席菜单

宴席菜单，是为某种社交活动而设计的多人聚餐、具有一定规格质量、由一整套菜品组成的菜单。菜肴要求制作精细、外形美观、搭配合理、层次分明、重点突出。菜品往往用水果、食品雕刻来装饰点缀，起到锦上添花的作用。宴席按不同角度来划分，主要有如下几种类型：

（1）按宴席菜肴的组成划分：可分中式宴席、中西结合宴席等。

（2）按宴席规模划分：可分大型宴席、中型宴席、小型宴席。

（3）按宴席价格等级划分：可分高档宴席、中档宴席、普通宴席等。

（4）按宴席的形式划分：可分国宴、便宴、家宴、冷餐酒会、鸡尾酒会、招待会等。

（5）按宴席举办目的划分：可分为婚宴、寿宴、迎送宴、纪念宴等。

（6）按宴席主要用料或烹制原料划分：可分为全羊宴、全鱼宴、全鸭宴、全素宴；山珍席、水产席、全禽席、全畜席等。

（7）按宴席头菜原料划分：可分燕窝席、海参席、鱼翅席等。

（8）按宴席历史渊源划分：可分仿唐宴、孔府宴、红楼宴、满汉全席、随园宴等。

（9）按宴席地方风味划分：可分川菜席、粤菜席、苏菜席、鲁菜席等。

（二）根据菜单使用时间的长短来划分

可分为固定性菜单、变动性菜单、周期性菜单三大类。

1. 固定性菜单

固定性菜单，是相对于变动性菜单而言。这种菜单常用于顾客流动性较大的饭店，或是将饭店所创的传统性名菜、名点作为招牌菜列入菜单中。由于菜肴品种相对固定，在原料的采购、菜肴的制作、产品质量及成本控制等方面容易按标准化、规范化、程序化进行操作，并且便于管理，便于检查，容易形成品牌效应。缺点是，由于菜肴的变化不大，不易吸引老顾客经常来饭店消费，而且菜品价格不能随原料价格的变化而相应变化。为了解决这一问题，饭店往往增加一些特色菜、特选菜、时令菜等的插页插在同定菜单中，以弥补固定菜单的不足，吸引回头客，满足客人在就餐中求新、求变、求特的饮食需求。

2. 变动性菜单

变动性菜单，是根据烹饪原料的供应情况、价格变化，厨师的技术水平及客源多少等因素来设计的菜单，具有使用时间短，变化快，品种新，创新菜、时令菜多的特点，容易吸引顾客消费。如时令菜单，名师、大师、厨师长特选菜单等均属于变动性菜单。变动性菜单的特点是变动快，有时几乎每天、每餐都有变动。所以，要做到标准化、规范化操作，需要烹饪工作者及时掌握好每个菜肴的操作要领，这样才能保证菜肴在色、香、味、形等方面达到设计的要求。

3. 周期性菜单

周期性菜单，又称循环性菜单，它介于固定性菜单与变动性菜单两者之间，常用于会议、团队及宴席等用餐形式。因为会议、团队在餐厅就餐时间一般在 3 ~ 5 天，多者 10 天左右。所以可根据就餐者在饭店住的天数设计出不同菜单十几套，每天轮换使用，做到每天每餐菜单不一样。待一批客人离开饭店，第二批客人再来饭店用餐仍旧用这些菜单。再如宴席菜单，也可根据季节、档次或价格来设计周期性菜单，每一档次预先设计 5 ~ 10 套，供顾客挑选。这样，可避免每天花很多时间开菜单，同时也有利于原料的采购、菜肴的制作、成本的控制、菜肴质量的控制。对一些机关、学校、公司均可采用周期性菜单。

（三）根据餐别来划分

可分为早餐菜单，午、晚餐菜单，夜宵菜单。

1. 早餐菜单

中式早餐菜单，一般分为零点、桌餐和自助餐三大类。就餐形式不一样，零点早餐根据菜单内容和个人喜好点菜吃饭。桌餐一般由菜单设计者根据用餐的标准按 10 人一桌，设计一些主食和菜点共同用餐。自助餐一般设计很多主食及菜点，供客人自由挑选。无论是哪一种就餐形式，早餐菜单品种主要有粥类、点心类、小菜类、饮料类等。由于人们早餐用餐的时间短，所以早餐菜单的设计要求菜肴制作比较简单，菜品要清淡少油，上菜速度要快，保持一定的温度。

2. 午、晚餐菜单

午、晚餐菜单基本相似，由于各餐厅档次、规模、原料的供应情况及经营的菜系类别不一样，其菜肴有很大的差别，但其内容组成基本相似。有的按烹调原料来设计，如海鲜类、禽蛋类、畜肉类等；有的按菜肴类别来设计，如冷菜类、热炒类、大菜类、素菜类、汤类、点心类等。午、晚餐在中国传统的饮食观念中属于正餐，在设计中必须根据本餐厅的风格、档次和客人的饮食喜好设计不同层次、风格、价格的菜肴供客人挑选。

3. 夜宵菜单

夜宵菜单，主要针对晚上约 22：00 到次日 2：00 需用餐的客人而设计的菜单。菜单的内容一般由冷菜、风味小吃、面食、乡土菜等组成，要求每份菜肴数量不宜过多，价廉物美，易于消化。

（四）根据用途来划分

一般可分儿童菜单、房内用餐菜单、营养保健菜单、自助餐菜单、风味菜单等。

1. 儿童菜单

儿童菜单，是根据儿童的年龄特点、兴趣爱好、营养要求等因素来设计的菜单。一般的儿童菜单要求图文并茂，以童话故事的图画等作为菜单封面，菜单文字应配上汉语拼音，并辅以图片，便于儿童自行点菜。确定儿童菜单的菜名和品种要考虑儿童的心理承受力，如在菜肴的造型上不要过于夸张、刺激，在菜肴的口味上不要太酸太辣，应略带甜味。菜肴的分量与大人菜单相比要减半，使菜肴不被浪费；在价格上也应减半，使儿童和家人感到经济实惠。在菜肴的营养保健上要推出“天然食品”、“营养食品”、“促进生长的食品”等，使儿童和家人吃得放心，吃得开心。

2. 房内用餐菜单

房内用餐菜单，是对住店客人提供的一种餐饮服务项目，主要针对那些因某种原因不能、不便或不愿去餐厅就餐，或在开餐时间以外要求用餐的客人提供服务。房内用餐菜单的设计，要求其菜肴的原料要新鲜，烹调工艺不要太复杂，原料应去骨去壳，汤汁不宜太多，便于客人食用和服务人员服务，菜肴在配送时必须配有保温容器和保温车，以保证菜肴的质量和风味。

3. 营养保健菜单

营养保健菜单，是主要针对一些特殊人群或患有某种疾病的人群而设计的菜单，要求应针对不同人群的不同要求设计出不同的菜单，如对糖尿病人不宜设计含糖量多的菜肴，如糖醋鱼、冰糖银耳、拔丝苹果等；对甲亢病人不宜设计含碘多的菜肴如海带汤、紫菜卷等；对肥胖症病人不宜安排太多的高糖、高脂肪的菜肴，如冰糖扒蹄、桂花糖芋艿等。对那些注重营养平衡和保健的客人，每餐的菜肴更要精心设计，准确计算每个菜的热量，做到荤素搭配、粗细搭配、营养搭配，以合乎人体所需的标准，使客人吃得营养、吃得健康、吃得舒心。

4. 自助餐菜单

自助餐菜单，一般是指以人包价的销售用餐方式，餐厅根据用餐的标准、档次、价格和人数，把所有的菜单展示在餐桌上，并由客人自主选择各种菜点和水果等。

自助餐菜单的设计要求菜肴宜大批量生产，放置时间稍长而质量不易变，设计的热菜具有能放置在加热保温的盛器中而不易损失菜肴的色、香、味、形等固有的特点。自助餐菜单有中餐自助餐菜单、西餐自助餐菜单、中西结合自助餐菜单。其内容有冷菜类、热菜类、点心类、主食类、甜菜类、水果类及其他类等。

5. 风味餐馆菜单

风味餐馆菜单，必须突出某种风味特色，其内容以选用某一类菜肴或以某一种烹调方法烹饪的菜品为中心，再搭配一些辅助菜品，如烧鸭馆、羊肉馆、海鲜馆、川菜馆等。这类菜单设计一要突出菜肴风格，二要突出餐馆的装饰特点，三要突出独特的服务方式，才能使菜单设计达到理想的效果。

总之，菜单的分类是多种多样的，我们可从不同角度、不同层次用不同的方法去分类、探讨。

二、菜单与宴席的命名

菜单与宴席的命名，从古到今，主题繁多，内容广泛，风格迥异，各有专名。现将菜单与宴席的命名作一简要的归纳。

1. 以某一类原料为主题命名

以某一原料或某一类原料为主题命名菜单，主要突出原料的风格特色和时令特点，满足人们物以鲜为贵和物以稀为珍的饮食心理。如时令刀鱼菜单、桂花全鸭菜单、羊肉美食菜单、海参菜单、菌菇美食套餐菜单等。

2. 以节日为主题命名

随着人民生活水平的提高，人们对节假日非常重视。各饭店以国内外各种节日及法定的假期作为餐饮营销的一个卖点，抓住时机，大做文章，精心设计，科学命名各种菜单。

如春节是我国的传统节日，从除夕至正月十五能设计出各式风格多样、主题新颖的宴席或套餐。如“恭喜发财宴”、“全家团聚宴”、“元宵花灯宴”等，还有“吉祥如意套餐”、“元宵欢腾套餐”、“除夕迎新年套餐”等。再如中秋节，可设计“中秋赏月宴”、“丹桂飘香宴”等，圣诞节，可设计“圣诞狂欢夜套餐”、“圣诞平安夜套餐”等，“五一节”、“国庆节”可设计出“旅游休闲套餐”、“金秋美食套餐”、“欢度国庆宴”等菜单。

3. 以菜系、地方风味为主题命名

此类菜单是最为常见的，如“江苏风味宴”、“四川风味宴”、“粤菜风味宴”、“鲁菜风味宴”，还有藏族风味菜单、维吾尔族风味菜肴等菜单。

4. 以名人、仿制古代菜点为主题命名

中国烹调之所以历史悠久、誉满世界，与历史上许多名人、名著、名厨有很大关系。我们可根据本地区、本饭店的经营特点和技术力量，在继承和发展中国烹调技术的基础上，不断挖掘研究古代菜点，推出以名人、名厨等命名的菜点与宴席。如“东坡宴”、“谭家宴”、“孔府家宴”、“乾隆御膳宴”、“红楼宴”、“随园食单宴”、“满汉全席”等菜单。

5. 以某一技法和食品功能特色为主题命名

当今，以某一种烹调操作技法或某一类食品的营养功能为特色的菜单，大为流行。如以烹调操作技法主题命名的“铁板系列”、“砂锅系列”、“火锅系列”、“烧烤系列”等。还有以食品功能特色为主题命名的“美容健身席”、“延年益寿席”、“潇洒风范席”、“滋阴养颜席”等，深受百姓欢迎。

6. 以喜庆、寿辰、纪念、迎送为主题命名

无论是政府机关、公司企事业等单位，还是民间，以喜庆、纪念、迎送等为主题命名的菜单很多：

（1）以喜庆为主题的，如婚宴菜单中“珠联璧合宴”、“百年好合宴”、“龙凤呈祥宴”、“金玉良缘宴”、“永结同心宴”等。再如重大节日和事件的菜单有“国庆招待宴”、“庆祝香港回归宴”、“庆祝工程落成宴”、“祝捷庆功宴”、“乔迁之喜宴”等。

（2）以生日寿辰为主题的，如“满月喜庆席”、“周岁快乐席”、“十岁千金席”、“二十成才席”、“松鹤延年席”、“百岁寿星席”等。

（3）以纪念为主题的，如“纪念 ××× 诞辰 100 周年宴”、“纪念开业二十周年宴”等。

（4）以迎送为主题的，如“欢迎 ××× 国家总统访华宴”、“归国华侨欢迎宴”、“欢送外国专家回国宴”等。

7. 以地方特色菜点为主题命名

我国地域广阔，物产丰富，因气候、生活习惯的不同各地都有丰富的乡土菜、地方特色菜、家常菜等。这些价廉物美的菜肴深受广大民众、工薪阶层的欢迎，我们可根据这些主题来命名菜单，如“夫子庙小吃菜单”、“江南水乡菜单”、“岭南秋色菜单”、“绍兴风味菜单”、“山城土菜菜单”等。

8. 以创新菜点为主题命名

菜点创新，是餐饮业永恒的主题。可用各种创新菜肴为主题来命名菜单，如“古菜翻新菜单”、“菜点合一菜单”、“中西合璧菜单”、“以素仿荤菜单”等。

我们在探讨菜单与宴席设计的命名时，不仅要突出主题，力求菜单和菜名名副其实，足以体现其特色；而且还要体现文化内涵，做到雅致得体、朴素大方，不可牵强附会、滥用辞藻，更不能庸俗下流。

复习思考题

1. 什么叫菜单与宴席设计？
2. 试述我国菜单与宴席设计的起源与发展。
3. 菜单与宴席设计的特点有哪些？
4. 菜单与宴席设计对餐饮业有哪些作用？
5. 试述菜单与宴席分类方法有几种？并举例说明。
6. 按不同的方法对宴席菜单加以分类，最少不得少于 5 种类型。
7. 简述零点菜单与套菜菜单有何区别。
8. 分述菜单与宴席命名方法有几种？并举例说明。
9. 收集不同的菜单 10 种，并分类说明。

模块二

宴席菜品知识

学习目标

- 掌握菜品的质量要求与评审
- 掌握菜品的主要风味流派
- 掌握菜品的价格核算与定价

宴席主要由菜品酒水所构成，宴席是菜品酒水的组合艺术。学习宴席设计理论，必须掌握相关的菜品知识。

任务一

菜品的质量要求与评审

菜品由种类繁多的各式菜点所组成。每份菜点生产出来后，人们自然而然会对它的质量做出评价。其评价准确与否，关键在于是否把握住了菜品的质量评审标准，是否正确运用了科学的评价方法。

一、菜品的质量要求

菜品系手工食品的通称，和其他食品一样，它必须以食用安全、营养合理、感官良好为其质量评审标准。

食用安全是菜品作为食品的基本前提。要保证菜品食用安全，就必须保证菜点的原材料无毒无害、清洁卫生，力求烹调加工方法得当，避免加工环境污染食品，确保菜品对人体无毒无害。

营养合理是菜品作为食品的必要条件。对于单份菜品，要尽量避免原材料所含营养素在烹调加工中的损失，适当注意原材料的荤素搭配。对于整套菜点，不仅要注意供给数量充足的热量和营养素，而且要注意各种营养素在种类、数量、比例等方面的合理配置，以使原料中各种营养素得到充分利用。

感官良好是人们对菜品质量的更高层次的要求。要使菜点能很好地激起食欲，给人以美的享受，必须做到色泽和谐、香气宜人、滋味纯正、形态美观、质地适口、盛器得当，并且各种感官特性应配合协调。

1. 色泽和谐

菜点的色泽包括菜点的颜色和光泽，它是评定菜点质量的重要标准之一。菜点的色泽主要来自两方面，一是原材料的天然色泽；一是经过烹制调理所产生的色泽。所谓色泽和谐，系指菜点的色泽调配合理、美观悦目。例如，烤乳猪、芙蓉鸡片等，既可诱人食欲，又能给人以精神上的享受。具体地讲：菜点的色泽要因时、因地、因料、因器而异，“或净若秋云，或艳如琥珀”，给人以明快舒畅之感，要能愉悦心理，活跃宴饮气氛。

2. 香气宜人

菜点的香气是通过嗅觉神经感知的，它是评定菜点质量的又一重要标准。由于菜点的香气成分极其复杂，每道菜点的香味物质达几十种，甚至几百种之多，所以评定菜点的香气通常用酱香、脂香、乳香、菜香、菌香、酒香、蒜香、醋香等进行粗略描述。所谓香气宜人，即要求菜点的香气纯正、持久，能诱发食欲，给人以快感。为了满足这一感官要求，烹调时常用挥发、吸附、渗透、溶解、矫臭等方法来增加菜点的香气。无论使用哪类方法增香，都须量材施用，因料而异，只有尊重原料的本性，才能达到抑恶扬善的理想效果。

3. 滋味醇正

俗话说："民以食为天，食以味为先。"评定菜点的质量，滋味最重要。菜点的滋味即口味，系指呈味物质刺激味觉器官所引起的感觉，它有单一味与复合味之分。所谓滋味纯正，即主配料的呈味物质与调味料的呈味物质配合协调，调理得当，能够迎合绝大多数人的口味要求。特别是一些名菜名点，其口味特征已基本固定，评定菜点质量应以此为标准。当然，人们的口味要求并非千篇一律，所谓"物无定味，适口者珍"，说的就是口味的个性爱好。但在同一时期，同一地域内，人们的口味需求大致相同，这便是"口之于味，有同嗜焉"。评定菜点的口味，既要强调共性，又要兼顾个性。

4. 形态美观

菜点的外形是评定菜点质量的又一重要标准。早在春秋末期，孔子就有"割不正不食"的主张。现今人们的审美意识大幅提高，就餐者对于菜肴外形美的追求与日俱增，特别是在一些高级宴会上，菜品的形态美特别为人所看重。所谓形态美观，即菜点的外形应遵循对称、均衡、反复、渐次、调和、对比、节奏、韵律等形式美法则，要符合人们的审美要求。具体地讲，一般菜应做到刀口规范、整齐划一、分量适宜、配搭合理；工艺菜则应在构思和布局上分宾主、讲虚实、重疏密、有节奏，使形似与神似相辅相成，以便具有较高的观赏价值。

5. 质地适口

评定中菜的感官质量，当首推口味，其次就是质地。菜点的质地是菜点与口腔接触时所产生的一种触感觉。它有细嫩、滑嫩、柔软、酥松、焦脆、酥烂、肥糯、粉糯、软烂、粘稠、柴老、板结、粗糙、滑润、外焦内嫩、脆嫩爽口等多种类型。菜点的质地与原材料的结构和组成联系紧密，它主要由菜品原料和烹制技法确定。所谓质地适口，即菜点的质地要能给口腔内的触觉器官带来快感。例如，粉皮的滑爽、蛋糕的绵软、清炖莲子的粉糯、白汁鱼丸的滑嫩等，都是耐人寻味的。要使菜点质地适口，就得随菜选料、因料施艺，切不可胡乱调排，违背了工艺准则。

6. 盛器得当

盛器也是评定菜品质量的标准之一，它的作用不仅仅是用来盛装菜点，还有加热、保温、映衬菜点、体现规格等多种功能，故人们常说；美食不如美器。所谓盛器得当，即盛器与菜点配合协调，能使菜点的感官质量得以完美体现。具体地讲，盛器的大小应与菜点的分量相称，形制要与菜点的外形配合，色调要与菜点的色泽相协调，规格要与菜点的档次一致，并要扬菜之长，补菜之短，起好陪衬作用。特别是宴席中的盛器，还须配套成龙，以便体现宴席的规格。

总之，安全、营养和美感是评定菜品质量的三个重要因素，也是菜品制作需要达到的质量标准。其中，感官良好最重要，人体感官对菜点色、香、味、形、质、器的综合感觉往往可以判定出菜品质量的好坏程度。

二、菜品质量的评审

全面评价菜品质量的好坏，必须从安全、营养和美感三个方面进行综合考察。菜品质量的评价方法有理化分析、生物分析和感官分析三种。其中，理化分析和生物分析主要用于评价菜点的安全和营养，其操作要借助一定的仪器设备或者在特定的环境中进行。感官分析多用于评价菜点的各种感官特性及其综合效果。其操作简便易行，是我国目前用于评价菜点质量的主要方法。

菜品的感官分析法，就是评判人员对菜品的感官特性做逐项或综合分析，从而得出评价结果的方法。它具有传统的专家评定法、现代分析型感官分析法和偏爱型感官分析法等几种。

分析型感官分析把人的感官作为仪器使用，它以生理学和心理学为基础，以统计学作保证，这在很大程度上弥补了原始感官分析的缺陷，现已在世界各国食品行业中得到广泛应用，但其分析结果仍然受主观意志的干扰。为了降低个人感觉之间差异的影响，提高评价结果的准确性，使用此法时，必须注意评价基准的标准化、试验条件的规范化和评审要求的严格化。

菜点评审结果的处理方法有平均法、去偶法、加权平均法、模糊关系法等。这些方法可根据需要酌情择用。

平均法，即把评出的某一菜肴的总分相加，除以评判人数。该方法简便易行，但评判结果受主观因素影响较大。

去偶法，即在各评判员所评总分中去掉一个最高分和一个最低分，再用平均法计算。此法较之平均法，可在某种程度上避免一些主观因素的影响。

加权平均法，即把一个菜肴分成若干项目评分，各项得分采用平均法处理后，乘以权重（各项目满分占总满分的比例），再除以项目数。该方法综合考虑了各项目所占的比重，计算略显复杂，可借助计算机处理。

模糊关系法，即用模糊数学中的模糊关系对菜肴感官分析的结果进行综合处理的方法。该方法可弥补上述方法的不足，但数据处理较复杂，必须用计算机来处理。

任务二

中国菜品的主要风味流派

宴席的设计与制作，首先必须确定好宴席价格、宴会主题以及宴席的风味特色等核心目标。特别是宴席菜品的风味特色，它是宴席设计的基础，与当地菜品的主要特色风味联系紧密。

由于地理环境、气候物产、宗教信仰以及民族习俗诸因素的影响，长期以来在某一地区内形成，有一定亲缘承袭关系，菜点风味特色相近，知名度较高，并为部分群众喜爱的传统膳食体系称为地方风味流派，又被称做地方风味。在我国，人们常将一些著名的地方风味流派称做菜系。其中，鲁菜、川菜、苏菜和粤菜为“四大菜系”，加上浙菜、闽菜、徽菜、湘菜、京菜和鄂菜，即为“十大菜系”。此外，我国面点也有京式、广式和苏式三大流派，它们各具一定的特色风味。

一、中国菜品的四大风味流派

1. 山东菜

山东菜，又称鲁菜或齐鲁风味，它系华北地区肴馔的典型代表，我国著名的“四大菜系”之一。

山东菜主要由济南菜、济宁菜和胶东菜构成，其主要的风味特色是：鲜咸、纯正，善用面酱，葱香突出；原料以海鲜、水产与禽畜为主，重视火候，精于爆、炒、炸、扒，擅长制汤和用汤，海鲜菜功力深厚；装盘丰满，造型古朴，菜名稳重朴实，敦厚庄重，向有“堂堂正正不走偏峰”之誉；受儒家学派膳食观念的影响较深，具有官府菜的饮馔美学风格。

山东菜的代表品种有：葱烧海参、德州扒鸡、清汤燕菜、奶汤鸡脯、九转大肠、油爆双脆、糖醋鲤鱼、青州全蝎、泰安豆腐等。

2. 四川菜

四川菜又称川菜或巴蜀风味，它系西南地区肴馔的典型代表，我国著名的“四大菜系”之一。

四川菜主要由成都菜（上河帮）、重庆菜（下河帮）、自贡菜（小河帮）构成。其主要的风味特色是：“尚滋味，好辛香”，清鲜醇浓并重，以善用麻辣著称；选料广博，粗料精做，以小煎、小炒、干烧、干煸见长；独创出鱼香、家常、陈皮、怪味等20余种复合味型，有“味在四川”的评定；小吃花式繁多，口碑良佳，具有物美价廉、雅俗共赏、居家饮膳色彩和平民生活气息浓烈。

四川菜的代表品种有：毛肚火锅、宫保鸡丁、麻婆豆腐、开水白菜、家常海参、水煮牛肉、干烧岩鲤、鱼香腰花、泡菜鱼等。

3. 江苏菜

江苏菜又称苏菜、苏扬风味。它是华东地区肴馔的典型代表，我国著名的“四大菜系”之一。

江苏菜主要由金陵风味、淮扬风味、姑苏风味和徐海风味构成。其主要的风味特色是：清鲜平和，咸甜适中；组配谨严，刀法精妙，色调秀雅，菜形清丽，食雕技艺一枝独秀；擅长炖、焖、煨、焐、烤；鱼鸭菜式多，筵宴规格高，园林文化和文士饮膳的气质浓郁，餐具相当讲究。

江苏菜的代表品种有：松鼠鳜鱼、大煮干丝、清炖蟹黄狮子头、三套鸭、水晶肴蹄、金陵桂花鸭、叫化鸡、清蒸鲥鱼、拆烩鲢鱼头等。

4. 广东菜

广东菜又称粤菜或岭南风味，它系华南地区肴馔的典型代表，我国著名的“四大菜系”之一。

广东菜主要由广州菜、潮州菜、东江菜和港式粤菜构成。其主要的风味特色是：生猛、鲜淡、清美，具有热带风情和滨海饮膳特色；用料奇特而又广博，技法广集中西之长，趋时而变，勇于革新，饮食潮流多变；点心精巧，大菜华贵，设施和服务一流，有“食在广州”的美誉，肴馔的商品气息特别浓烈，商贾饮食文化是其灵魂。

广东菜的代表品种有：三蛇龙虎凤大会、金龙脆皮乳猪、豉汁蟠龙鳝、大良炒牛奶、白斩鸡、白云猪手、清蒸鲈鱼、冬瓜盅等。

二、中国菜品的其他主要风味流派

除鲁、川、苏、粤四大风味流派之外，浙、闽、徽、湘、京、鄂等其他风味流派也颇具特色，它们是中菜主要风味流派的杰出代表。

1. 浙江菜

浙江菜又称浙菜、钱塘风味，主要由杭州菜、宁波菜、绍兴菜和温州菜构成。其主要的风味特色是：醇正、鲜嫩、细腻、典雅，注重原味，鲜咸合一；擅长调制海鲜、河鲜与家禽，轻油、轻浆、轻糖，注重香糯、软滑，富有鱼米之乡的风情；主辅料强调“和合之妙”，讲究菜品内在美与外观美的统一，以秀丽雅致著称；掌故传闻多，文化品位高，保留了古越菜的精华，随着旅游业的昌盛而昌盛。

浙江菜的代表品种有：西湖醋鱼、龙井虾仁、冰糖甲鱼、宋嫂鱼羹、东坡肉、西湖莼菜汤、干炸响铃、锅烧鳗鱼等。

2. 福建菜

福建菜又称闽菜、八闽风味，主要由福州菜、闽南菜和闽西菜构成。其主要的风味特色是：清鲜、醇和、荤香、不腻，重淡爽，尚甜酸，善于调制山珍海味；精于炒、蒸、煨三法，习用红糟、虾油、沙茶酱、橘子汁等佐味提鲜，有“糟香满桌”的美誉；汤路宽广，收放自如，素有“一汤十变”、“百汤百味”之说；餐具玲珑小巧而又古朴大方，展示髹漆文化的独特风采。

福建菜的代表品种有：佛跳墙、太极芋泥、龙身凤尾虾、淡糟香螺片、鸡汤氽海蚌、通心河鳗、荔枝肉、橘汁加力鱼等。

3. 安徽菜

安徽菜又称徽菜或徽皖风味，主要由皖南菜、沿江菜和沿淮菜构成。其主要特色为：擅长制作山珍野味，精于烧炖、烟熏和糖调，讲究“慢工出细活”，有“吃徽菜，要能等”的说法；重油、重色、重火功，咸鲜微甜，原汁原味，常用火腿佐味，用冰糖提鲜，用芫荽和辣椒配色；菜式质朴，筵宴简洁，重茶重酒重情义，反映出山民、耕夫、渔家和商户的诚挚；受徽州古文化和徽商气质的影响较大，古朴、凝重、厚实。

安徽菜的代表品种有：无为熏鸡、清蒸鹰龟、八公山豆腐、软炸石鸡、酥鲫鱼、符离集烧鸡、李鸿章杂烩、鱼咬羊等。

4. 湖南菜

湖南菜又称湘菜或潇湘风味，主要由湘江流域菜、洞庭湖区菜和湘西山区菜构成。其主要的风味特色是：以水产和熏腊原料为主体，多用烧、炖、腊、蒸诸法，尤以小炒、滑炒、清蒸见长；味浓色重，咸鲜酸辣，油润醇和，姜豉突出，肴馔丰盛大方，花色品种众多；民间菜式质朴无华，山林与水乡气质并重；受楚文化的熏陶很深，以“辣”、“腊”二字驰誉中华食坛。

湖南菜的代表品种有：腊味合蒸、潇湘五元龟、翠竹粉蒸鮰鱼、霸王别姬、组庵鱼翅、冰糖湘莲、麻辣子鸡、东安鸡、柴把鳜鱼等。

5. 北京菜

北京菜又称京菜或燕京风味，主要由宫廷菜、官府菜、清真菜和移植改造的山东菜构成。其主要的风味特色是：选料考究，调配和谐，以爆、烤、涮、熘、扒见长，菜式门类齐全，酥脆鲜嫩，汤浓味足，形质并重，名实相符；市场大，筵宴品味高，服务上乘，以“烤鸭”和“仿膳菜”为代表，吸收了华夏饮食文化的精粹。

北京菜的代表品种有：北京烤鸭、涮羊肉、三元牛头、黄焖鱼翅、罗汉大虾、柴把鸭子、三不粘、白肉火锅等。

6. 湖北菜

湖北菜又称鄂菜或荆楚风味，主要由汉沔风味、荆南风味、襄郧风味和鄂东南风味四大流派构成。其主要风味特色是：水产为本，鱼菜为主；擅长蒸、煨、烧、炸、炒，习惯鸡鸭鱼肉蛋奶粮豆合烹，鱼汆技术冠绝天下；菜肴汁浓芡亮，口鲜味醇，重本色，重质地，为四方人士所喜爱；受楚文化的影响较深，富于鱼米之乡的风情，反映出“九省通衢”的都市饮馔文化风格。

湖北菜的代表品种有：清蒸武昌鱼、腊肉炒菜苔、红烧鮰鱼、冬瓜鳖裙羹、荆沙鱼糕、沔阳三蒸、瓦罐煨鸡汤、江陵千张肉等。

三、中国面点的主要风味流派

中式面点品种繁多，风格各异。总体来讲，它有京式、苏式和广式三大流派。

1. 京式面点

京式面点以北京为中心，旁及黄河中下游的鲁、津、晋、豫等地。习以小麦面粉为主料，擅长调制面团，有抻面、刀削面、小刀面、拨鱼面四大名面，工艺独具。其风味特色是：质感爽滑，柔韧筋道，鲜咸香美，软嫩松泡。

京式面点的代表品种有：北京的龙须面、小窝头、艾窝窝、肉末烧饼；天津的狗不理包子、十八街麻花和耳朵眼炸糕；山东的蓬莱小面、盘丝饼和高汤水饺；山西的刀削面、拨鱼儿等；河北的杠打馍和一篓油水饺；河南的沈丘贡馍、博望锅盔等。

2. 苏式面点

苏式面点以江苏为主体，活跃在长江下游的沪、浙、皖等地。主面与杂粮兼作，精于调制糕团，造型纤巧，有宁沪、金陵、苏锡、淮扬、越绍、皖赣等支系。其风味特色是：重调理，口味厚，色深略甜，馅心讲究掺冻，形态艳美。

苏式面点的代表品种有：江苏的淮安文楼汤包、扬州富春三丁包、苏州糕团、黄桥烧饼；上海的南翔馒头、小绍兴鸡粥、开洋葱油面；浙江的宁波汤圆、五芳斋粽子、西湖藕粉；安徽的乌饭团和笼糊等。

3. 广式面点

广式面点以广东为典型代表，包括珠江流域的桂、琼和闽、台等地。善用薯类和鱼虾做胚料，大胆借鉴西点工艺，富于南国情味，茶点与席点久享盛名。其特色风味是：讲究形态、花式与色泽，油、糖、蛋、奶用料重，馅心晶莹，造型纤巧，清淡鲜滑。

广式面点的代表品种有：广东的叉烧包、虾饺、沙河粉和娥姐粉果；广西的马肉米粉、太牢烧梅、月牙楼尼姑面；海南的竹筒饭、海南粉和芋角；福建的鼎边糊、蚝仔煎和米酒糊牛肉；台湾的蛤子烫饭和椰子糯米团。

任务三 菜品的价格核算与定价

核算菜品的成本，确定菜品的价格，应遵守一定的操作规则。只有综合考虑企业、市场、顾客三方面的影响因素，采用合理的定价方法，才能定出合理的菜品价格。

一、菜品成本的核算

菜品的成本，即餐饮业用于制作和销售菜品时所耗费用或支出的总和，它可划分为生产、销售和服务等三种成本。在饮食行业里，由于餐饮经营的特点是产、销、服务统一在一个企业里实现，除原材料成本，其他如职工工资、管理费用等，很难分清属于哪个环节，很难分别核算，所以，饮食品的成本只以构成饮食产品的原材料耗费和烹制过程中的燃料耗费为其成本的基本要素，不包括生产中其他的一切费用。原材料和燃料以外的其他各种费用，均另列项目，纳入企业的经营管理费用中计算。

菜品成本的计算公式可表述为：

菜品成本 = 原材料成本 + 燃料成本 = 主料成本 + 配料成本 + 调料成本 + 燃料成本

菜品的原材料成本包括构成菜品的主料、配料、调料耗费和这些原材料的合理损耗；在加工制作过程中包裹菜点的材料费；在外地采购原料的运输费用；在外单位仓库储存冷藏原料的保管费等。

菜品的燃料成本，包括菜品制作过程中所消耗的煤炭、煤气、燃油、电力、木柴等各种燃料的实际耗费。

例如，三五酒店生产油爆腰花 1 份，用去了净猪腰 225 克，用去的调配料计价约 2 元，燃料费为 0.4 元，若鲜猪腰的市场售价为 32 元 / 千克，净料率为 75%，试计算该菜的原材料成本和产品成本。

解：根据题意可知：

主料的毛料重量为：225 ÷ 1000 ÷ 75%=0.3（千克）

主料成本为：$0.3 \times 32=9.6$（元）

原材料成本为：$9.6+2=11.6$（元）

产品成本为：$11.6+0.4=12$（元）

答：该菜的原材料成本为 11.6 元，产品成本为 12 元。

二、菜品价格的核算

价格是商品价值的货币表现。合理核算宴席菜品的价格，既可实现菜品成本核算的目的，又有助于根据宴席的定价编制宴席菜单。

（一）菜品价格的构成

餐饮价格应包括从生产到消费的全部支出和各环节的利润、税金。由于餐饮产品在加工和销售过程中，除原材料成本和燃料耗费可以单独按品种核算外，其他各种费用很难分开核算。所以，只把原材料耗费和燃料耗费作为产品成本要素，而将生产经营费用、税金和利润合并在一起，称为“毛利”，用以计算餐饮产品的价格。因此，餐饮产品（菜品）的价格构成，通常用下列公式表示：

产品价格 = 产品成本 + 生产经营费用 + 税金 + 利润 = 产品成本 + 毛利额

餐饮产品的毛利额，是由所消耗的生产经营费用、税金以及利润构成的。

生产经营费用：其包括加工生产和销售餐饮产品过程中所支付的水电费、物料消耗、工资、福利费、折旧费、家具用具摊销和其他费用等项目，一般应按同种经营类型、同等企业正常经营的中等合理费用水平计算。

税金：税金按国家税法规定的税率计算，如营业税、所得税等。

利润：其包括加工生产和消费服务的利润。

（二）菜品的毛利率及计算

餐饮产品的价格要体现价值规律和供求关系，在保持相对稳定的基础上，坚持以合理成本、费用、税金加合理利润的原则制定餐饮价格。

菜品的价格主要由菜品成本及其毛利率确定。所谓毛利率，即毛利额与成本、与销售价格的比率，它有成本毛利率与销售毛利率之分。销售毛利率指毛利额占产品售价的百分比，成本毛利率指毛利额占产品成本的百分比。其计算公式分别为：

销售毛利率 = 毛利额 ÷ 产品售价 ×100%

成本毛利率 = 毛利额 ÷ 产品成本 ×100%

例如，艳阳天酒店生产宴席一桌，售价为 1000 元，在生产过程中，耗用的主料成本为 327 元，配料成本为 173 元，调料成本为 60 元，燃料费用为 40 元，试计算该酒席的成本毛利率和销售毛利率。

解：根据题意可知：

该席的产品成本为：$327+173+60+40=600$（元）

该席的毛利额为：$1000-600=400$（元）

该席的成本毛利率为：$400 \div 600 \times 100\%=66.67\%$

该席的销售毛利率为：400 ÷ 1000 × 100%=40%

答：这桌酒席的成本毛利率为 66.67%，销售毛利率为 40%。

毛利率是根据酒店的规格档次及市场供求情况规定的毛利率幅度，故又称计划毛利率。销售毛利率与成本毛利率均可表示餐饮产品毛利幅度，由于财务核算中许多计算内容都是以销售价格为基础的，所以，我国多数地区常以销售毛利率来计算和核定餐饮产品的价格。如无特别申明，通常所说的毛利率均指销售毛利率。

与销售毛利率联系紧密的有成本率。所谓成本率，即产品成本占产品售价的百分比。毛利率 + 成本率 =1。

（三）菜品销售价格的核算

在精确地核算了菜品成本和合理地核定了毛利率后，就可以核算出菜品的销售价格。

由于毛利率有销售毛利率和成本毛利率之分，计算菜品价格的方法也有销售毛利率法和成本毛利率法两种。

1. 销售毛利率法

销售毛利率法，又称内扣毛利率法，是运用毛利与销售价格的比率计算菜品价格的方法。其公式可表述为：

产品售价 = 产品成本 ÷（1- 销售毛利率）

例如，小四川酒家生产鱼香肉丝一盘，用去猪肉 250 克（每千克售价 24 元），用去的冬笋丝等配料计价 0.8 元，用去的食油、鱼香味汁等调料计价 1.0 元，如果该菜的燃料费用为 0.45 元，销售毛利率为 45%，试问该菜的销售价格应为多少元？

解：根据题意可知：

该菜的原材料成本为：250 ÷ 1000 × 24+0.8+1.0=7.8（元）

该菜的产品成本为：7.8+0.45=8.25（元）

该菜的销售价格为：8.25 ÷（1-45%）=15（元）

答：每盘鱼香肉丝的售价为 15 元。

用销售毛利率法计算菜品价格，对毛利额在销售额中的比率一目了然，有利于管理，是餐饮业物价人员、财会人员计算菜品价格普遍采用的方法。

2. 成本毛利法

成本毛利法，又称外加毛利率法，是以产品成本为基数，按确定的成本毛利率加成计算出价格的方法。用公式可表述为：

产品售价 = 产品成本 ×（1+ 成本毛利率）

例如，顾客在醉江月酒楼预订中级宴席一桌，售价为 800 元，如果该酒店的成本毛利率为 60%，试问该宴席的产品成本应为多少元？若冷菜、热炒大菜、点心和水果分别占宴席成本的 16%、70%、14%，试计算这三类菜品所要耗用的成本。

解：根据成本毛利率法公式可得：

该宴席的产品成本为：800 ÷（1+60%）=500（元）

冷菜的成本为：500 × 16%=80（元）

热炒大菜的成本为：500 × 70%=350（元）

点心水果的成本为：500 × 14%=70（元）

答：该宴席的产品成本应为 500 元，其中，冷碟、热炒大菜、点心水果的成本分别为：80 元、350 元和 70 元。

用成本毛利率法计算菜品价格，简便实用，它是餐厅内部厨务人员经常使用的计价方法。

三、菜品的定价方法

菜品的定价方法较多，用毛利率公式计算菜品价格的方法使用最广泛，习称为毛利率法。此外，跟随定价法、系数定价法等方法也时常使用。

1. 毛利率定价法

毛利率定价法主要有成本毛利率法（外加毛利率法）和销售毛利率法（内扣毛利率法）两种，对此本任务“菜品销售价格的核算”已做介绍。

2. 跟随定价法

所谓跟随定价法，又称随行就市法，就是以同业竞争对手的价格为依据，对菜品进行定价的方法。这种定价方法尤其适合经营质态相同的餐饮企业。

跟随定价法还适用于随市场变动灵活定价。一些节令性原料，在其大量上市之前，以此制成的菜品价格较高；待其大量上市后，价格自动向下调整。此外，在经营的旺淡季、不同的营业时段，可以推出不同的销售价格，以吸引顾客，刺激消费。

3. 系数定价法

所谓系数定价法，即是以菜品的产品成本乘以定价系数，得出菜品的销售价格。这种方法既适合于单个的菜肴定价，也可运用于宴席整套菜点的定价。这里的定价系数，即该企业计划成本率的倒数。

例如，格林豪泰酒店生产高级筵席一桌，用去的产品成本总计 640 元，已知该酒店规定的成本系数为 2.5，试计算该酒席的销售价格并验证“定价系数，即企业计划成本率的倒数”。

解：根据系数定价法可知，

该宴席的销售价格为：640 × 2.5=1600（元）

该宴席的毛利额为：1600−640=960（元）

该宴席的销售毛利率为：960 ÷ 1600 × 100%=60%

该宴席的成本率为：1−60%=40%

成本率 40% 的倒数即为 2.5（定价系数）。

任务四
菜品的销售清单——菜单

菜单，即餐饮部门为宾客所制定的不同种类的饮食品的清单。餐饮部门将所要供应的饮食品进行合理组合，并将其名称（含价格）按一定顺序排列于优质的纸张上，并加以装帧，即形成了菜单。

菜单是餐饮工作的计划书，是餐饮产品的名称和价格一览表。它反映了餐厅的经营特色，体现了餐厅的管理水平；它既是沟通经营者与消费者的桥梁，也是餐饮促销的艺术品和宣传品，每位厨务人员不能不熟悉和掌握各式菜单。

一、点菜菜单

点菜菜单，又称零点菜单，它是餐厅的基本菜单，使用最广泛。点菜菜单的特点是菜品种类较多，分门别类，宾客可根据个人喜好自由选择，并按价付款。中式点菜菜单的菜点排列常因餐厅而异，多数是按菜品类别及原料构成分类，如冷菜类、海鲜类、河鲜类、畜兽类、禽鸟类、蛋奶类、蔬菜类、汤羹类、点心类、主食类、水果类。有些酒店，为了展示本店的特色风味，有时设专类供应其特色风味菜品（每日特色菜），有时还以餐具或烹调方法为分类依据，如火锅类、铁板类、煲仔类、原盅类、炖品类、烧烤类、蒸菜类等。分类虽有交叉，但更能展示其特色风味，有利于菜品的介绍与促销。

点菜菜单有早餐菜单、午晚餐菜单和客房送餐菜单之分。早餐菜单较简单，分中式、西式两种，服务要求迅速，使宾客尽快享用，以便尽早开始一天的活动和工作。午晚餐菜单，即正餐菜单，菜点品种齐全，质量较高，除固定菜肴以外，还可外加每日特菜，此类菜单最常见。客房送餐菜单的菜肴品种多，但每盘分量较少，菜肴制作精细，价格相对较高。

点菜菜单上的菜点通常按大、中、小盘论价，每道菜点都有单独价格，有些菜肴是时价，有些名贵海鲜则是按重量论价。下面是湖北一美食城的一份点菜菜单，可供参考。

湖畔美食城菜单

特选精品

秘制竹夹蛇	88 元 / 份	葱烧武昌鱼	32 元 / 份
椒盐蒜香骨	32 元 / 份	卤水童子甲	22 元 / 只
京式片皮鸭	66 元 / 份	剁椒蒸鱼头	30 元 / 份
香菇焖蹄花	32 元 / 份	酥炸石丁鱼	35 元 / 份

盐焗基围虾　66元/份
锡纸包鹌鹑　8元/只
鸡肾牛筋煲　58元/份
腊猪蹄锅仔　48元/份

透味凉菜

卤水鸭掌　5元/只
糖醋油虾　14元/份
白切嫩鸡　14元/份
脆皮乳鸽　32元/份
麻辣鱼条　14元/份
水晶凤爪　20元/份
凉拌海蜇　20元/份
蜜汁叉烧　20元/份
蒜泥白肉　14元/份
卤水牛腱　18元/份
芝麻香芹　8元/份
椒麻肚丝　16元/份
凉拌泥蒿　18元/份
脆皮黄瓜　10元/份
双色泡菜　10元/份
豆豉鲮鱼　14元/份
卤味双拼　28元/份
九色攒盒　68元/份

生猛海鲜

澳洲龙虾（椒盐、蒜蓉蒸、上汤焗）　时价
活黄花鱼（清蒸、红烧、糖醋）预订　时价
活螃蟹（清蒸、姜葱炒）　时价
加州鲈鱼（葱烧、清蒸）　48元/份
活扇贝（清炖、豉汁蒸）　60元/份
活甲鱼（清炖、清蒸、黄焖、红烧）　70元/份
基围虾（白焯、椒盐、蒜蓉开边）　88元/份
大王蛇（凉拌蛇皮、椒盐蛇肉、八宝蛇羹）　议价
活石斑鱼（清蒸、红烧）预订　议价

淡水鱼鲜

豆瓣鲫鱼　28元/份
红烧鲶鱼　34元/份
沙滩鲫鱼　28元/份
剁椒蒸牛蛙　32元/份
粉蒸鲶鱼　38元/份
辣子牛蛙腿　38元/份
炒生鱼片　30元/份
清蒸武昌鱼　35元/份
三色鱼丝　30元/份
干烧鳊鱼　26元/份
菊花才鱼　38元/份
豉油蒸鲩鱼　24元/份
才鱼焖藕　32元/份
红烧肚档　25元/份
红烧鮰鱼　时价
煎糍粑鱼　26元/份
三鲜鱼肚　时价
鱼子烧豆腐　22元/份
干烧鲤鱼　24元/份
黄焖鱼方　28元/份
干烧刁子鱼　28元/份
菜心鱼丸　30元/份
清蒸鳜鱼　48元/份
茄汁鱼饼　30元/份
干烧鳜鱼　48元/份
水煮鳝片　32元/份
珊瑚鳜鱼　88元/份
马鞍鱼乔　36元/份

畜兽奶类

水煮牛肉　32元/份
红烧牛尾　42元/份
腊鱼烧肉　34元/份
川味回锅肉　26元/份
黄焖肉丸　26元/份
鱼香肉丝　18元/份
油爆腰花　30/份
水煮腰片　28元/份
豉椒炒牛柳　32元/份
卤蛋烧牛腩　40元/份
糖醋直排　30元/份
孜然羊肉串　28元/份
椒盐蹄花　32元/份
三鲜锅巴　25元/份
蒜瓣焖兔肉　42元/份
脆炸鲜奶　24元/份

禽鸟蛋类

楚乡辣子鸡　32元/份
豆豉烧凤爪　30元/份
腰果鸡丁　26元/份
江城酱板鸭　38元/份
椒盐蛋卷　28元/份
鸡腰烧鹌鹑　42元/份
白椒炒鸡杂　35元/份
孜然鹌鹑　30元/份
铁板鲜鱿　35元/份
铁板牛柳　28元/份
什锦火锅　48元/份
母子大会　48元/份
啤酒鸭　32元/份
酱烧野鸭　48/份
京式烤鸭　52元/份
板栗焖仔鸡　30元/份
韭黄鸡丝　20元/份
香烤乳鸽　时价
虎皮鹌鹑蛋　22元/份
铁板鸡肾　48元/份
铁板三鲜　30元/份
双元火锅　45元/份

精美靓汤

砂锅牛尾汤　48元/份
毛肚火锅　55元/份
莲藕排骨汤　26元/份
人参乌鸡汤　38元/份
参氏乳鸽汤　68元/份
凤凰玉米羹　16元/份
砂锅土鸡汤　35元/份
羊肉火锅　45元/份
瓦罐鸡汤　38元/份
杏元炖水鱼　68元/份
鱼头豆腐汤　35元/份
什锦果羹　22元/份

时令蔬果

清炒时蔬　时价
腊味炒泥蒿　30元/份
松仁玉米　24元/份
口蘑菜心　18元/份
油焖双冬　24元/份
拔丝鲜果　22元/份
腊肉炒菜苔　18元/份
腊味荷兰豆　24元/份
干煸藕丝　18元/份
植蔬四宝　32元/份
拔丝马蹄　20元/份
鲜果拼盘　28元/份

面食点心

金银馒头　12元/份
黄金饼　22元/份

葱煎包　16 元 / 份　　椰蓉小包　18 元 / 份
双色蛋糕　25 元 / 份　　三鲜蒸饺　18 元 / 份
叉烧酥　20 元 / 份　　香酥丽蓉合　24 元 / 份
香炸春卷　16 元 / 份　　软饼　14 元 / 份
三鲜炒花饭　16 元 / 份　　三鲜面　14 元 / 斤

二、套菜菜单

套菜是指由餐厅提供的、已固定配套的菜点。其特点是成套供餐，冷菜、热菜、汤菜、甜食等按一定比例安排，菜品规格不一，可供客人成套选择。套菜作为西餐的一种主要的供餐形式，起源于中世纪欧洲的一些饭店里，后来一些公司常常用它招待客商，或作为公司商务活动的“例行便宴”，所以套菜又称“公司菜”。在我国，新中国成立前的上海、广州、天津、青岛等地，现今的一些三资企业、外资企业中有些老板、客户和公司里的职员也经常选用套菜。

套菜包括早餐、午餐和晚餐，它以西式套菜为主，也有中式套菜。西式套菜是将开胃品、面包、黄油、牛排等配套成组，而中式套菜则是将荤素菜、汤菜、主食、水果等配成一套，它与西式套菜特点相同，但菜式不一。

套菜菜单，又称定食菜单，它为宾客所提供的菜点以一个固定的价格标出，每道菜点没有单独的价格，客人不能随意选择其中的某一菜点，而只能按照一个固定的价格付款。套菜菜单有的是先定下价格，然后根据价格配置菜肴品种；有的是先配成菜点，然后根据内容确定价格。套菜菜单有高、中、低不同的规格，可供不同消费层次的宾客选用，简单低价的套菜菜单亦可作为快餐菜单使用。

值得注意的是，套菜菜单因菜肴、点心等组合内容固定、价格固定，顾客选择余地较小，不大容易得到满足，所以了解宾客嗜好，合理设计菜单更具特殊意义。

下面是西式和中式两例套菜菜单，可供参考。

例 1：西式套菜菜单

早餐：烩水果、葱头炒蛋、炸鱼饼、麦片粥、烤面包、黄油、果酱、咖啡。

午餐：大虾杯、牛尾汤、炸鱼饼、黑胡椒牛扒、蔬菜线色拉、炸香蕉、面包、黄油、咖啡。

晚餐：海味杯、含羞草清汤、苏夫力鱼、烤牛外脊、芦笋色拉、栗子布丁、面包、黄油、柠檬茶。

例 2：中式套菜菜单（百威公司提供）

早餐：鲜肉包子、三鲜豆皮、卤鸡蛋、豆浆、稀饭、泡菜。

午餐：豆瓣鲫鱼、西红柿炒蛋、蚝油牛柳、香酥鸭块、蒜蓉苋菜、瓠子排骨汤。

晚餐：麻仁鸡翅、鱼香肉丝、煎糍粑鱼、脆炸鲜奶、清炒丝瓜、清炖牛尾汤。

三、团体包餐菜单

团体包餐是指在事先预订后，以统一标准、统一菜式、统一时间进行集体就餐的一种形式。它可分为会议包餐、旅游包餐及其他类型包餐。团体包餐的特点是：事先预订、人多面广、简易就餐、集中开席、服务迅捷。

团体包餐菜单是根据旅行社或会议主办单位规定的用餐标准制定的。因此，在安排菜点时既要让宾客吃饱吃好，又要保证餐饮部的利润。团体包餐菜单的制定要根据订餐标准、用餐人的风俗习惯、口味爱好而确立，还须处理好原料的种类、味型的层次、质感的差异及营养的搭配。若是团体包餐一连进行数天，则应注意高低档菜的搭配，合理安排团体包餐的成本，尽量多用地方特色菜点，避免正餐菜品的雷同，力争做到餐餐不重复，天天不一样。下面是武汉某宾馆一周会议包餐菜单，可供参考。

会议包餐菜单

星期一早餐：天津小包、鸡冠饺子、黄金饼、煎鸡蛋、老锦春酱菜、绿豆稀饭；午餐：虾籽蹄筋、泡椒鳝鱼、菜芯奎圆、回锅肚片、豆瓣茄子、西红柿蛋汤；晚餐：凉拌毛豆、粉蒸排骨、水煮牛肉、香酥鸭方、口蘑菜心、瓦罐鸡汤。

星期二早餐：肉末花卷、红枣发糕、热干面、牛奶、泡萝卜、红豆稀饭；中餐：豆瓣鲫鱼、瓠子肉片、麻婆豆腐、腰果鸡丁、荆沙鱼糕、虾米冬瓜汤；晚餐：卤味双拼、煎糍粑鱼、回锅口条、孜然鹌鹑、豆腐圆子、炒竹叶菜、萝卜老鸭汤。

星期三早餐：生煎包子、葱油花卷、桂林米粉、咸鸭蛋、四川泡菜、稀饭；中餐：鱼香肉丝、干烹带鱼、青椒牛柳、三鲜锅巴、酸辣藕带、鱼头豆腐汤；晚餐：皮蛋拌豆腐、珍珠米丸、马鞍鱼乔、腰果鲜贝、酥炸藕夹、酸辣包菜、丝瓜蛋汤。

星期四早餐：烧梅、五彩蛋糕、酱肉包子、卤鸡蛋、绿豆汤、桂花糊米酒；中餐：椒麻鸭掌、蚝油牛柳、酱板鸭、肉末烧冬瓜、清炒丝瓜、紫菜蛋花汤；晚餐：蒜泥芸豆、麻仁鸡翅、韭黄炒鸡蛋、红烧鲶鱼、虎皮青椒、水果拼盘、冬瓜原骨汤。

星期五早餐：空心麻丸、软饼、三鲜面、金银馒头、豆浆、炒花生仁；中餐：椒麻肚丝、粉蒸鲶鱼、肉末腌菜、糖醋排骨、清炒豆角、红枣乌鸡汤；晚餐：麻辣鱼条、椒盐竹节虾、黄焖野鸭、芋头烧牛腩、肉末蒸蛋、辣子藕带、双元汤。

星期六早餐：牛肉粉、三鲜豆皮、米发糕、酱洋姜、香油榨菜、稀饭；中餐：凉拌苦瓜、清蒸樊编、黄焖牛筋、家常豆腐、糜菜扣肉、拔丝香蕉、粉丝氽圆汤；晚餐：双冬腐竹、红烧滑鱼、葱爆肚仁、红扒全鸡、香菇菜心、无籽西瓜、奶汤鲫鱼。

星期天早餐：果酱蛋糕、软饼、咸鸭蛋、绿豆稀饭、四川泡菜、米发糕；中餐：五香凤爪、油爆腰花、干张肉丝、虾米白菜、家常牛蛙腿、甲鱼冬瓜汤；晚餐：红烧鮰鱼、炝绿豆芽、香酥全鸡、虎皮蹄膀、水煮鳝片、蒜蓉苋菜、植蔬四宝、花菇乳鸽汤。

四、宴会菜单

所谓宴会菜单，即宴会席所列菜品的清单。具体地讲，它是由宴会设计师根据宴会席的结构和宾客的要求，将冷碟、热炒、大菜、点心、水果等食品按一定比例和程序编成的饮食品的清单。此单一般只按菜点的上菜顺序分门别类地列出所用菜点的名称，不出现每一菜点的单价及所有菜点的总价。宴会菜单有提纲式菜单、表格式菜单等多种形式，以提纲式菜单应用最广泛，表格式菜单也时有出现。对于宴会菜单的设计原则和编写方法，本书模块五将作详尽介绍，下面列有 4 份提纲式宴会菜单，可供参考。

例 1：山盟海誓席

一彩拼：游龙戏凤（象生冷盘）；

四围碟：天女散花（水果花卉切雕）、月老献果（干果蜜脯造型）、三星高照（荤料什锦）、四喜临门（素料什锦）；

十热菜：鸾凤和鸣（琵琶鸭掌）、麒麟送子（麒麟鳜鱼）、前世姻缘（三丝蛋卷）、珠联璧合（虾丸青豆）、西窗剪烛（火腿瓜盅）、东床快婿（冬笋烧肉）、比翼双飞（香酥鹌鹑）、枝结连理（串烤羊肉）、美人浣纱（开水白菜）、玉郎耕耘（玉米甜羹）；

一座汤：山盟海誓（大全家福）；

二点心：五子献寿（豆沙糖包）、四女奉亲（四色豆皮）；

二果品：榴开百子（胭脂红石榴）、火暴金钱（良乡炒板栗）；

二茶食：元宝开花（糖水泡蛋）、大展宏图（祁门红茶）。

例 2：松鹤延年席

一彩盘：松鹤延年（象生图案）；

四围碟：五子献寿（5 种果仁酿拼）、四海同庆（4 种海鲜酿拼）、玉侣仙班（芋艿鲜蘑）、三星猴头（凉拌猴头菇）；

八热菜：儿孙满堂（鸽蛋扒鹿角菜）、天伦之乐（鸡腰烧鹌鹑）、长生不老（海参烹雪里蕻）、洪福齐天（蟹黄油烧豆腐）、罗汉大会（素全家福）、五世祺昌（清蒸鲳鱼）、彭祖献寿（茯苓野鸡羹）、返老还童（金龟烧童子鸡）；

一座汤：甘泉玉液（人参乳鸽炖盆）；

二寿点：佛手摩顶（佛水香酥）、福寿绵长（尹府龙须面）；

二寿果：河南仙柿、上海北芒蟠桃；

二寿茶：湖南老君茶、湖北仙人掌茶。

例 3：商业开业宴

一看盘：彩灯高悬（瓜雕造型）；

四凉菜：囊藏锦绣（什锦肚丝）、抬金进银（胡萝卜拌绿豆芽）、童叟无欺（猴头菇拼香椿）、一帆风顺（西红柿酿卤猪耳）；

八热菜：开市大吉（炸瓤加吉鱼）、万宝献主（双色鸽蛋酿全鸡）、地利人和（虾仁炒南荠）、顺应天意（天花菌烩薏仁米）、高邻扶持（菱角烧鸭心）、勤能生财（芹菜财鱼片）、贵在至诚（鳜鱼丁橙杯）、足食丰衣（干贝烧石衣）；

一座汤：众星捧月（川菜推纱望月）；

二饭点：货通八路（南味八宝甜饭）、千云祥集（北味千层酥）。

例 4：亲友团聚宴

一彩碟：凉亭叙旧（青松凉亭造型）；

六围碟：岁寒三友（香菇、银耳、蒜苗制）、冰心玉洁（海蜇、鸡蓉、蛋清制）、暗香疏影（梅花造型）、幽谷独茂（兰花造型）、高风高节（翠竹造型）、耐寒凌霜（金菊造型）。

六热菜：喜逢机遇（鸭掌与鸡片制）、心花怒放（鸭心、笋片、菱角制）、庐山寻珍（石鸡、石鱼、石耳合制）、别后思恋（土豆丝与挂霜苹果制）、囊括四海（海鲜口袋豆腐）、豪气干云（油爆鲜蛎）。

一座汤：八鲜过海（海八珍炖盆）；

二面点：酬酢面卷（网油花卷）、三白米饭（清蒸香稻）；

二美果：广东茂名香蕉、浙江明月脆梨；

一香茗：安徽敬亭绿雪茶。

复习思考题

1. 何谓菜品？菜品按用途可分为哪些类型？
2. 饮食行业如何给菜品分类？
3. 菜品的质量评审要求是什么？
4. 中国菜品、中国面点各有哪些主要风味流派？
5. 确定饮食品价格有哪些方法？有哪些主要公式？
6. 何谓菜单？它有哪些类型？套餐菜单有何特点？
7. 设计旅游包餐菜单应注意哪些问题？

模块三

菜单与宴席的设计原则与要求

学习目标

- 掌握菜单与宴席设计中的原则
- 理解菜单与宴席设计中的具体要求
- 全面掌握菜单与宴席设计的程序和方法

菜单与宴席设计是一项知识性、艺术性和技术性很强的工作，不但内容广泛，而且要求很高。所以，必须以客人的需求为中心，根据各种菜单的特点、规格、标准、饮食对象，厨房的设备条件、技术力量，原料的供求情况和成本费用等因素，精心设计，不断研究，在总结经验的基础上，掌握好设计原则、要求和程序等。

任务一

菜单与宴席的设计原则

一、以客人需求为中心

不论是星级饭店，还是各种有特色的风味餐馆，在设计菜单时必须要明确目标市场，了解客人的饮食习惯，掌握客人的消费心理，制定出特定宾客群所需的菜品，以满足客人的饮食要求。

每一个饭店在特定的市场区域中，因所处位置、装潢档次、规模大小、经营风格及技术力量不同，其所服务的对象也不一样。有的专门服务于各种会议、婚宴、旅游团队等客人，有的专门服务于商务客人、零散客人，有的专门以接待外国人为主，有的以专门接待中国人为主，有的专门接待高档次、高消费人群，有的专门接待一般档次、中低消费人群等。无论服务于何种客人，都必须以客人需求来设计菜品。

首先，要了解客人的国籍、年龄、性别、职业、生活习惯、饮食喜好、宗教信仰及禁忌等。例如，印度教徒，不吃牛肉；伊斯兰教徒，不吃猪肉；佛教僧侣，不吃荤菜。非洲人，喜食牛肉、羊肉、鸡肉，口味微辣，喜爱菜肴上带浓汁，蘸食吃等，忌食猪肉、海鲜及各种动物内脏，不吃奇形怪状的食物。欧美人，喜食鱼虾等水产品、家禽、猪肉、牛肉和各种新鲜蔬菜，喜食咸中带甜的食物，口味清淡，不爱吃肥肉，忌讳各种动物的内脏等。亚洲人，因宗教信仰、地理环境的不同，饮食习惯也有很大的差异。如日本人爱吃牛肉、海鲜、猪肉、蔬菜等，但他们不喜欢吃肥肉、猪内脏和羊肉。泰国人喜食鱼和蔬菜，特别喜食辣椒，不爱吃红烧的菜肴，也不放糖，忌食牛肉等。总之，菜单与宴席设计必须针对客人需求的变化而不断变化，要不断搜集客人的饮食“情报”，建立客户饮食档案。通过整理、统计和分析，总结出不同客人的饮食需求，有针对性地设计好每一份菜单。

二、以经营特色为重点

菜单与宴席设计，应根据饭店的地点、规模、档次、设备设施、技术力量、服务等因素来设计，具体来说，应依据如下几方面经营特色来设计：

1. 依据菜肴风味特色设计菜单

（1）以单一菜系为主的风味特色菜单设计。一个饭店在一个地区或商业圈内，要以经营某一菜系或地方风味作为自己的经营特色，就应在设计菜单中突出这一菜系或地方风味的特点和风格，一些地方的名菜、名点及风味菜肴均要在菜单中显现，使客人感到菜肴制作别具一格，有消费欲望。

（2）以多种菜系为主的风味特色菜单设计。有的饭店往往以经营多种菜系来吸引和满足顾客的需求，所以在设计菜单时应根据各菜系的特点设计，如江苏菜系、广东菜系、四川菜系、山东菜系等。不同的菜系菜肴有不同的特点，设计中要突出各菜系的优点，把一些有影响的名菜、名点均要列入菜单中，做到人无我有、人有我优，使顾客能感到各菜系的风味差异，有挑选菜肴的空间。

2. 依据菜肴的档次高低设计菜单

（1）以大众化菜肴为主设计菜单。大众化菜肴主要是指那些价廉物美，人们喜欢食用的菜肴。这类菜肴用料比较普通，制作相对简单，价格比较经济，食用感觉实惠，所以在设计菜单时，既要控制成本又要考虑菜肴的风味。把一些“乡土菜”、“家常菜”挖掘出来，运用现代的烹调设备、制作工艺及各种调味品，制作出美味可口的菜肴，满足大众的饮食需求。

（2）以中、高档菜肴为主设计菜单。中、高档菜肴是与大众化菜肴相对而言的。中、高档菜肴一般在用料上比较讲究，主要以鱼翅、海参、鲍鱼及一些价格较高的水产、山珍海味为原料。在制作方法上，工艺比较精细，技术难度较大，在装盘艺术上也比较讲究，往往用一些高档餐具装盘，还用水果雕品点缀菜肴，价格也相对高一些。这类菜肴主要用于满足一些高消费人群的饮食需求。

3. 依据餐饮经营的类别设计菜单

（1）以经营团队、会议、宴席为特色的菜单设计。因饭店规模及餐厅的功能不同，餐饮经营的目标市场也不一样。如有些餐厅面积很大、餐位很多，像这类餐厅适合接待旅游团队、各种会议、婚宴等。所以在设计菜单时要根据就餐者的消费标准、人数及住店的天数等因素，设计出相应的标准菜单。如会议餐、团队餐要求菜肴数量多而不浪费，做到每顿菜肴不一样，菜名不同、原料不同、口味不同、烹调方法不同等，出菜速度快而有序。宴席菜单的设计，要讲究隆重、热烈、华贵、典雅，通过菜品的艺术组合，给赴宴宾客留下甜蜜而难忘的回忆。

（2）以经营散客、食街为特色的菜单设计。散客、食街的餐厅菜单设计要突出地方风味和经营特色，如地方风味、地方小吃、火锅店、烧烤馆等。这种菜单内容较多，原料有山珍海味类、禽类、畜类、水产类、蔬菜类等；在类别上有冷菜、热菜、汤类、点心类、甜品类等；在价格上高、中、低等方面要有机搭配，使菜肴有特色、有卖点和亮点。

总之，菜单是否突出餐厅经营特色，要看有没有几道“特色菜”、“拿手菜”、“看家菜”来吸引顾客，要用特色经营的方法把头回顾客吸引为回头客。只有不断推陈出新，体现自己的特色才能给顾客以新感受，留下深刻印象。

三、以客观因素为依据

菜单与宴席设计，应考虑当时的原料供应情况、厨房中的设施设备、厨师的技术力量等几方面因素，做到菜肴品种多而有序，操作科学合理、忙而不乱，整体和谐统一。菜单设计要依据客观条件认真分析。

1. 要根据原料的供应情况来设计

食品原料是菜单设计之本，如不熟悉原料的供应情况，即使设计出再好的菜单也无异于空中楼阁，无法实施。所以，我们必须了解市场货源供应情况，根据季节的变化，选用时令原料及时充实到菜单中去。尽管目前交通运输较发达，保鲜方法科学先进，有些原料打破了季节性和地方性，常年均有供应，但俗语讲“物以鲜为贵”，正当上市的原料，不仅质量好，而且给人一种新鲜感，尤其是蔬菜、水产品等。

另外，还要掌握饭店食品库房的库存情况、各种原料的价格情况及原料的拆卸率和涨发率等情况，使菜单上的货源保证供应、质量保证优良、价格保证正确合理。

2. 要根据设备设施条件来设计

厨房中的设备设施的好坏、数量的多少直接关系菜肴制作的速度和质量，关系菜单设计的实施效果。例如，厨房中的烤箱只有一个，但菜单中安排很多烤制的菜肴，像“烤乳猪”、“烤鸭”、“烤鱼”、“烤鸡”等。这些菜肴没有一定质量的设备很难达到制作效果。另外，菜单中各类菜式和烹调的种类、数量比例必须合理，应依据厨房设备设施的条件安排菜单，做到各种设备设施充分得到利用，避免有的设备设施使用过度，有的设备又被闲置，否则，在营业高峰时难免影响出菜的速度和质量。

3. 要根据员工的技术力量来设计

在设计菜单时，必须要了解员工的技术水平，如现有的厨师只能烹制广东菜，但菜单中设置很多其他菜系的菜，其结果是可想而知的。再如，厨房厨师的人数较少，而设计的菜单中有些菜肴制作难度较大，工艺复杂，费工费时，其结果造成任务无法完成，难以满足顾客的要求。所以在菜单设计中必须深入了解餐饮部的一些客观因素。既要了解厨房的设备设施、餐厅的面积及各种餐厅的装潢风格，还要掌握厨师的技术水平和服务员的服务水平。只有使菜单设计与餐饮部设备设施、员工的技术力量和水平之间的关系互相协调，菜单设计才更为科学合理。

四、以尽善尽美为目标

菜单与宴席设计是不是科学合理，还要从菜单设计的整体风格、营养成分的搭配、成本控制的方法及菜单推陈出新的频率等方面来评价。

1. 菜单的风格必须与餐厅整体风格相一致

一份理想的菜单不仅外表印刷精美，而且其形式、色彩、字体、版面等方面也要既有艺术性，又构思巧妙、内涵深刻，使顾客阅读后留下深刻的印象。更重要的是菜单内容的组合，必须适合餐厅的整体风格，如餐厅的装潢风格、设施风格、餐厅桌椅风格、经营风格及菜肴风格等应协调一致。如在一个西式餐厅里设计一张“乡土菜肴”的菜单，在实施中会显得不伦不类，很难给餐厅整体设计起到画龙点睛的作用。

2. 菜肴的营养成分必须搭配合理

在菜单设计中必须考虑人体营养平衡这一问题。随着人民生活水平的不断提高，人们的饮食需求已逐渐从吃得饱转向吃得好、吃得健康、吃得科学方面发展，因此，在菜单设计中并不是安排很多山珍海味、大鱼大肉，就意味着菜肴的高档、科学。而是要针对顾客的年龄、身体状况、每天各种营养素的摄入需求，安排适量的含有脂肪、蛋白质、糖类、维生素、纤维素等营养成分的菜肴，做到荤素搭配、粗细搭配、各种营养搭配合理，才能有利于人体的健康长寿。

3. 菜肴的成本核算必须确保可获得利润

在设计菜肴售价时，对每一个菜的主料、辅料、调料的数量、成本、售价、毛利和利润率都要了如指掌。为了促进销售，提高竞争力，在设计菜肴价格时有的菜肴实行高成本高销售或低成本高销售的策略，有的菜肴实行高成本低销售或低成本低销售的策略，还有的菜肴实行以需求定价和随行就市的定价策略。无论采取何种销售策略，最根本的一条原则是总体毛利率必须达到预定的目标，要不断分析每一个菜肴的盈利情况、畅销程度，并根据原料的售价变化和市场竞争态势及时调整菜肴的销售价格，确保饭店的利润率。

4. 菜单设计必须不断改革创新

饮食需求是永无止境的，菜单设计不能墨守成规，而要改革创新，要根据每个餐厅的风格特点、季节变化、顾客饮食需求的变化等方面的因素，不断地推出新原料、新品种、新菜肴。做到传统菜做到位，创新菜做出名，看家菜做规范，时令菜做及时，地方菜做特色，引进菜做成样。使客人感到菜肴天天有变化、有创意、有新鲜感，餐厅经营才有生命力。

任务二

菜单与宴席的设计要求

一、原料选用的多样性

宴席设计非常讲究选择多种食品原料。因为不同的原料有不同的味道，它不仅是菜肴风味多样的基础，而且是提供给人类多种营养素的主要来源。如果设计的菜肴原料品种较少，菜单就显得十分单调。一份菜单中如有山珍海味、鸡鸭鱼肉、蔬菜、豆制品、加工制品、水果等菜品，才能使人感到原料的丰富多彩。同时，我们还要注重选用时令性原料，不同季节、不同地区，就是同样的原料其品质也不一样。因为原料都有生长期、成熟期和衰老期，只有成熟期上市的原料才多汁鲜美、质地细嫩、营养丰富，带有自然的新鲜。俗语道：“菜花甲鱼菊花蟹，刀鱼过后鲥鱼来，春笋蚕豆荷花藕，八月桂花煮芋头。”这些被称为四时之序，过了一定的季节就失去了一定的滋味。如长江刀鱼每年过了清明节，骨头就变硬，肉质就没有那么鲜美；油菜花盛开时，甲鱼最肥美；菊花盛开时，螃蟹最肥壮；荷花盛开时，藕最鲜嫩等。这充分说明不同季节都有不同的时令原料，但不同的地区所生长的原料其品质都有很大的差别，只要我们掌握了这些规律，选用时令原料来设计菜肴，其菜肴的质量就会大有提高。并且还要注重引进外国原料充实到菜单中，如美国的深海鱼类、澳大利亚的袋鼠肉、泰国的鳄鱼肉、各种西式蔬菜等。只要我们注重选用原料多样化，就会给人有物鲜为珍、物稀为奇的新鲜感。

二、烹调方法的多种性

在宴席设计中要讲究菜肴烹调方法的变化，因为采用不同的烹调方法，可以形成不同风味的菜肴。如果一份菜单中只采用一两种烹调方法，尽管所用的原料不同，其口感也大同小异，显得单一、平淡、枯燥，甚至使人厌食。因此在设计宴席时，应根据顾客的需求，利用各种原料的特性，采取多种烹调方法，如炒、烩、蒸、烧、烤、炸、汆、拌、卤等，使菜单中所有的菜肴做法不重复、不枯燥、不呆板、不僵化，使顾客真正得到实惠，享受美食的乐趣。

三、调和滋味的起伏性

味是菜肴的灵魂，任何一道菜肴都应具有其独特的风味。我们在设计菜单中。无论是零点菜单、套餐菜单，还是宴席菜单，都要考虑菜肴味的变换和味的起伏。假如一套菜单或一桌宴席，菜肴只有一两种味型，必然无法满足众多顾客的口味需求，自然就会减小很多顾客来餐厅消费的可能性。所以，我们要根据本地区、本企业顾客群的饮食习惯，不断地研究探讨各种菜肴的味型，要引进、利用国内外新型的调味品，经过科学地调配设计出多种味型，如酸甜味、麻辣味、酸辣味、咸鲜味、咸辣味、鲜香味、苦辣味等各种复合味，使菜肴口味有起伏、有变化，顾客食后感到“五滋六味，回味无穷”。

四、菜肴色彩的协调性

菜肴色彩搭配的合理与否，最能影响顾客的食欲。我们在设计各种菜肴时要尽可能利用原料的自然色彩和加热调味后的颜色，外加一些点缀的色彩和器皿颜色等进行精心设计、合理搭配，使菜肴的颜色更加绚丽多彩，让人赏心悦目。所以，在设计每一份菜单时既要考虑菜肴整体颜色搭配的协调性、合理性，还要考虑每一道菜的颜色是否鲜艳，充分利用配料、调料、器皿去衬托主料，使其色彩具有独特的风格。

1. 要尽量利用食品原料的自然色彩

要通过合理的烹调和组合，最大限度地显示出菜肴的自然美。烹调原料有赤、橙、黄、绿、青、蓝、紫等多种色彩，通过加热调味，还会使菜肴的颜色更加丰富多彩。但不能为了增加菜肴的颜色，就有意将一些食用色素超标准地使用到菜肴中。

2. 要尽量注意菜肴的食用价值

在菜单设计中，我们不能一味地为了追求菜肴色彩的漂亮，而采用一些不能食用或口感较差的生的原料或一些工艺制品来点缀菜肴，造成菜肴生熟不分、主次不明、华而不实，影响菜肴的食用价值，甚至造成食物中毒。

3．要尽量考虑整体的色彩搭配

在菜单设计中，每一个菜的主料与配料、菜肴与盛器、菜肴与菜肴之间的色彩搭配要科学合理，不能几个菜都是一样的颜色。要做到整桌菜肴的颜色搭配巧妙、层次分明、鲜艳悦目、五颜六色，从而不但能使宾客增加食欲，而且给人一种美的享受。

五、菜肴形状的丰富性

在菜肴设计中，要注重每个菜的形状变化，因为形状多变，不仅给宾客以多姿多彩的感觉，而且可以给宾客以艺术的享受。我们应根据不同性质、不同档次、不同民族、不同地区的风土人情及饮食习惯，抓住菜肴形状变化来设计菜单。

1．要注重原料的形状变化

在设计每一份菜单时，应尽量做到每一个菜的形状都不一样，有条、块、丝、丁、段、片等。还有经过刀工处理的象形的形态，如菊花形、玉米形、荔枝形、核桃形、麻花形、松鼠形、飞燕形等。

2．要注重装盘的造型变化

装盘的造型艺术是多种多样的，无论是冷菜还是热菜或点心，只要精心设计，就可以组合成各种形态的菜肴，动物性的如“孔雀开屏”、“凤凰展翅”、“百鸟朝凤”等，植物性的如“百花齐放”、“万年长青”、“荷塘蛙鸣”等，几何形的如四方形、长方形、菱形、三角形等，还有实物形的如花瓶形、花篮形、葫芦形、琵琶形等。这些形状的变化有动感的，也有静感的，给人一种栩栩如生的感觉，起到美化菜肴，烘托气氛，增进食欲，使人们在品尝美味佳肴的同时得到一种艺术享受。

3．要注重盛器的形状变化

盛器形状和品质千差万别，利用好这些盛器，将对菜肴的形状变换起重要的辅助作用。如从盛器品质来讲，有陶瓷制品、玻璃制品、金属制品、塑料制品、木制品及食物制品等；从盛器造型来讲，有盘、碗、碟、盅、杯、钵、锅及各种象形的器皿。所以，只要根据菜肴的性质和特点，合理选用、组配不同品质和形状的盛器，必将对菜肴起到锦上添花的作用。

六、菜肴质感的差异性

菜肴质感的好坏直接关系宾客的食欲和身体健康问题。一份好的菜单不但要考虑菜肴的色、香、味、形俱佳，而且也要兼顾菜肴质感的丰富多彩，因此，在设计菜单时，要根据饮食者的对象和季节，采取不同的烹调方法，使菜肴的质感能满足宾客的需求，为此，应抓住两方面内容：一是在菜单设计中尽量考虑每一个菜质感均不一样，有软、硬、嫩、酥、脆、肥、糯、爽、滑等多种特点，应当让宾客享受到多种质感，满足其生理上的需求。二是按照饮食的对象来设计菜肴的质感，如儿童喜食酥脆的菜肴，老年人喜食酥烂、松软、滑嫩的菜肴，青年人体质好、活动量大，喜食硬、酥、肥、糯的菜肴。但由于各人的饮食习惯不一样，对菜肴的质地的偏爱也不尽相同，所以在设计菜单时，应尽量了解每个客人的饮食爱好，有针对性地设计菜肴质地。

七、菜肴品种的比例性

设计零点菜单、团体套餐或是宴席菜单时，必须要掌握各种菜肴的比例关系。一般菜单的菜品组合有冷菜、热炒、大菜、点心、汤类、甜品等。但由于餐厅的规模，各地区的风俗习惯、饮食习惯不同，菜单中菜肴品种数量的多少都有很大的差异。

1. 零点菜单中菜肴品种的比例

零点菜单中菜肴的品种数量相对来说，要比宴席菜单、团体套餐的品种数量多很多，一般的零点菜单中菜肴分冷菜、热炒、大菜、蔬菜、点心、汤类、甜品、水果等几大类，菜肴的数量总计约 100 ~ 200 种不等，以便宾客有自由挑选的余地。各类菜品的数量所占的比例不一样，一般冷菜类、热炒类、大菜类设计的数量要比其他菜品类别多一些，主要用来满足宾客的饮食需求。

2. 团体套餐菜肴品种的比例

团体套餐菜肴主要根据用餐的标准和档次来决定菜品的数量和种类。一般团体套餐的人均消费水平不太高，以吃饱为目的，也有一些团体套餐用一些酒水。所以在安排菜品时，一般安排冷菜约 6 至 10 个不等，荤素搭配比例 3∶2 或 1∶1 左右；热菜安排约 5 至 10 个，荤素搭配比例 3∶1 或 5∶2 左右；点心一般安排 2 至 4 道。

3. 宴席菜肴品种的比例

宴席菜肴因菜系的不同，各地区的饮食习惯、风土人情的不同，加上宴席的档次、价格的不同，品种的搭配比例有很大差别。中餐宴席菜品通常包括冷菜、热菜（炒菜、大菜、素菜、汤羹）、点心、甜品、水果等。

冷菜类：宴席上的冷菜有的可用什锦拼盘或 4 至 8 个双拼或单拼，也有的采用一个艺术拼盘（称主盘）再围上 4 至 10 个围碟。

热炒类：宴席的热炒一般控制 1 至 4 个不等，主要采用炒、爆、熘、炸等烹调方法制成，要求菜肴滑嫩爽脆、芡汁少而浓厚，便于饮酒食用。

大菜类：宴席中的大菜一般控制在 4 至 8 个菜不等，主要采用烧、烩、炸、熘、烤、炖、焖等烹调方法制成，菜肴以整只、整条、整块等原料为主，盛器相对要大而精制。

素菜类：宴席的蔬菜一般控制在 1 至 4 个不等，主要采用炒、烩、扒等烹调方法制成，原料以绿叶蔬菜、豆制品及各种根茎类蔬菜等制成。

汤羹类：宴席中的汤羹类一般控制在 1 至 2 个。汤羹通常在素菜后上桌，但现在常根据饮食的对象采取中菜西吃的方法，冷菜上菜后第一道热菜就先上汤或羹类，有的第一道热菜先上羹菜类，汤待素菜上完后再上桌。

点心类：宴席中的点心一般控制在 2 至 6 道。通常由面粉、杂粮等原料制成，采用的烹调方法有蒸、烤、烘、烙、煎、炸等。根据宴席档次高低，点心馅有八珍、蟹黄、肉类、蔬菜等品种，形态也是多种多样。

甜点类：宴席中的甜点一般控制在 1 至 2 道。甜点往往采用蜜汁、拔丝、挂霜、冷冻等烹调方法制作而成，多数在最后上席。

水果类：宴席中的水果一般将多种水果经过刀工处理拼成一定的形状，通常在宴席快结束之前上桌（也有的地方水果类在开宴前上桌食用），主要增加饮食者的维生素摄取，同时还起到帮助消化的作用。

八、菜肴组合的科学性

菜单的设计要从宾客的需求出发，因地区的不同，职业、年龄、性别、身体状况、消费水平等方面的不同而有差异。清代文人袁枚在《随园食单》一书中就宴席菜的组合有论述："上菜之法：咸者宜先，淡者宜后；浓者宜先，薄者宜后；无汤者宜先，有汤者宜后。且天下原有五味，不可以咸之一味概之。度客食饱，则脾困矣，须用辛辣以振动之。"这些基本法则在当今宴席设计中依然有一定的参考价值。所以我们必须要认真研究每一份菜单的共性和规律，要根据不同的菜单，在荤素搭配、菜肴结构等方面做好如下组合：

1. 荤素搭配要适当

无论什么菜单，其菜点都要注重荤素搭配，因为动物性原料含有很高的脂肪、蛋白质，而植物性原料含有很多维生素、矿物质及粗纤维等营养成分，如果我们长期偏食于动物性的原料，会使人觉得肥腻，导致人体肥胖而引起高血压、动脉硬化等疾病；反之，长期偏食于植物性的原料，也会使人感到素淡无味，同样影响人体健康。所以在菜单设计中，无论是设计一盘菜肴，还是一桌菜肴，都要注重荤素搭配，以满足人体的营养需求。

2. 菜肴结构要合理

各种菜肴的结构有冷菜、热菜、大菜、点心、甜品、水果等。设计菜单时，除了掌握一定的比例和荤素搭配外，还要注重菜点酸碱度的平衡。因为食品可分为酸性食品和碱性食品两大类，人体每日摄取的食品其酸碱度必须平衡，否则人体就感到不舒服，严重失调的还会生病，所以我们要知道酸性以肉类、鱼类、蛋类等食品为主，碱性以各种蔬菜、水果、牛奶等食品为主。在菜单设计中一定要注重这些食品的搭配，保证人体酸碱度平衡。

3. 菜肴质量与售价要适应

菜肴的质量和售价有一定的联系。菜肴的质量高低取决于两个方面：一是原料的贵贱和成本的高低；二是烹调水平和设计水平的高低。所以，应根据菜肴的售价，设计出与其相适应的菜肴质量，如对售价高的菜肴应用高档原料，制作要精细，具有一定的特色，给人以物有所值的感受。售价低的菜肴应用普通的原料，制作要有特点，在菜肴的口味、烹制的方法上应做到粗料细做，细料精做，保质保量。

4. 菜肴设计要突出季节性

设计菜单要根据季节的变化，在菜肴所使用的原料、色彩、口味及菜肴的温度等方面都要突出季节性：

（1）不同季节应选用不同的原料。冬天多安排一些暖性食品，如羊肉、狗肉、牛肉等。夏天多安排一些凉性食品，如水产品、新鲜蔬菜等。

（2）不同的季节应选用不同色彩。一般冬季菜肴的色彩以暖色为主，给客人一种温暖的感觉，而夏天应以冷色为主，给人一种清爽凉快的感觉。

（3）不同的季节应选用不同的口味。古人言："春多酸，夏多苦，秋多辛，冬多咸。"所以在设计菜肴时春天可偏向酸性口味，以促使人体酸碱度的平衡；夏天适当安排一些苦味食品，可使人降温消暑；秋天则偏向辛辣味，可使人增强防潮御寒的能力；冬天应以浓厚口味为主，可使人增味抗寒。

（4）不同季节应选用不同的烹调方法。如冬天宜选用火锅、砂锅及煲类菜肴，给人暖和之感，而夏季宜多用清蒸、凉拌、冻制等菜肴，给人一种清爽淡雅之感。

除此之外，菜肴组合的科学性还体现在应对顾客的消费心理、厨房设备、技术力量、成本核算、营养卫生等方面考虑周密，只有这样才能使菜肴与宴席具有很强的市场竞争力。

任务三

菜单与宴席的设计程序

菜单与宴席的种类很多，无论设计哪一类的菜单，其设计的程序基本相似，主要包括如下几方面。

一、确定菜单类别

不同类别的菜单，其设计要求和内容也不一样。如零点菜单与团体套餐就有所不同，零点菜单针对来自四面八方的顾客，按照各人喜爱的菜点和口味自由点菜。为满足这一类顾客的饮食需求，在菜单设计中菜肴的品种、风味要多样，数量相对要多一些，便于顾客自由挑选；而团体套餐根据饮食对象、用餐的规格和档次做到每顿饭菜不一样，菜肴的品种、数量以够吃为标准，以满意为目标。

再如早餐菜单，午、晚餐菜单，夜宵菜单，在菜品的内容和要求上也都不一样，烧烤菜单、火锅菜单、各种宴席菜单在风格上又有很大的不同。四川菜系、广东菜系、江苏菜系、山东菜系和其他风味的菜单在菜肴的口味、烹调方法等方面有很大的差异。所以，在设计菜单之前，首先要了解和明确菜单的类别，根据不同类别菜单的要求和特点，设计出相应的菜单。

二、确定菜单规格

菜单规格的高低取决于菜品类别的性质和特点，不同的菜品有不同的规格要求，就是同一类菜品其规格要求也不一样。这与餐厅所处的环境、饮食者、客人对菜品的要求有一定的关系。以快餐菜品设计为例，设在汽车站、火车站附近或内部的快餐，要求简便、清洁、卫生、价格不宜太高。因为绝大多数顾客急需赶路，无太多心情品尝美味佳肴。而设在飞机场附近或内部的快餐，其菜肴的规格和档次可高一些，价格可贵一点儿。所以，在设计菜单规格时应考虑如下几方面因素：

（1）外卖店、快餐店菜品规格可低一些，火锅店、烤鸭店等各种特色风味餐厅的菜品规格可高一点儿。

（2）自助餐菜品、团体套餐菜品规格可低一些，零点菜品、一般宴会套菜菜品规格可高一些。

（3）家庭宴席菜品规格可低一些，商务宴会、喜庆宴会、重大的招待会等菜品规格可高一些。

（4）环境一般、装潢风格较普通的餐厅菜品规格可低一些；环境豪华、装潢风格优雅、富丽堂皇的餐厅其菜品规格可高一些。

总之，确定菜品规格应根据餐饮市场与饮食对象的变化而变动调整。

三、确定菜品原料

当菜单的类别和规格确定后，就要对菜单中每一个菜肴的原料的数量、品质、配料的搭配比例等作出必要的规定，还要了解各种原料的供求情况，掌握本企业对各种原料的采购能力和库房、冰库的储藏水平，确保菜单中的每一菜品原料的供应。具体应做好如下几方面的工作。

1. 掌握好每个菜肴的原料的用量

在菜单设计中，对每个菜肴的用量都有一个明确的规定。例如一份“炒肉丝”，规定肉丝大盘 200 克，中盘 150 克，小盘 100 克，无论谁配菜，都必须按菜单中规定的分量去操作，保质保量，绝对不能忽多忽少，否则就影响菜肴质量和饭店的声誉。

2. 掌握好每个菜肴的原料品质

烹饪原料品质的优劣不仅关系菜肴的质量和档次，而且还关系成本核算。同样一种原料，由于品种、产地、生长季节及加工方法不一样，其差别也很大。如同样一份“红烧海参”，选用胶东半岛产的刺参与海南岛产的梅花参为原料，两者在口感、品质等方面有很大的区别。所以，在设计每个菜肴原料时，要明确原料的品种、质量等方面的要求。

3. 掌握好每个菜肴的主、配料搭配比例

菜肴主、配料的搭配比例不同，菜肴的档次也就不同。如同样一份“炒虾仁”，主料与配料的比例为 4∶1，与主料与配料的比例为 1∶1，给顾客的感觉就不一样，前者显得档次较高，后者显得档次较低。所以用于不同类别和规格的菜品中，要选用主、配料比例不同的菜肴。

四、确定菜品名称

菜品的命名往往直接影响顾客对菜肴的选择和购买，同时也关系餐厅服务人员和厨师的工作安排，一份好的菜单所设计出的菜名必须名实相副、雅致得体，给人以艺术美的感受。为此，我们在给菜品命名时要掌握其中的原则和方法。

1. 要掌握菜品命名的原则

（1）菜品命名要真实可信。好的菜名不仅好听、好记，而且要能体现出菜的特色，反映菜肴制作的全貌，能给顾客留下深刻的印象。但不能故弄玄虚、夸大其词。

（2）菜品命名要雅致得体。好的菜名应当朴素大方、含意深刻，不可牵强附会、滥用辞藻，更不能庸俗下流。

（3）菜品命名要便于记忆。菜品的名字不宜太长，字数不宜太多，以4~5字为好，应当读起来顺口，易写易记。

（4）菜品命名要满足客人心理。不同的饮食对象有着不同的饮食心理，要根据人们的就餐心理，设计出不同的菜名。如"发菜鱼圆"一菜，可命名"发财鱼圆"、"恭喜发财"等菜名。再如"玉米炒虾仁"一菜，可命名"金玉满堂"、"田园小炒"等菜名。这种菜肴命名方法较好地迎合了人们求发财、喜食天然食品等饮食心理。

2. 要掌握菜品命名的方法

菜单中的菜肴命名方法有多种，具有一定的规律可循。

（1）在主料前面加上烹调方法的命名。如"白灼基围虾"、"干烧鲈鱼"、"水煮肉片"等。这种命名方法在中国菜谱中最为常见，使顾客见到菜名就知道用什么原料和烹调方法制成的菜肴。

（2）在主料前面加上调料的方法。如"黑椒牛柳"、"咖喱鸡块"、"糖醋排骨"等，这种命名方法主要突出菜肴的口味，一些有特色的调料制成的菜肴，深受顾客欢迎。

（3）在主料前加上人名或地名的方法。如"麻婆豆腐"、"东坡肉"、"北京烤鸭"、"无锡排骨"等。这种命名方法使顾客知道菜肴的起源与历史，具有一定的烹调特点和地方特色。

（4）在主料前面加上某一辅料的命名。如"银杏虾仁"、"尖椒牛柳"、"板栗子鸡"、"青豆肉丁"等。这种命名方法充分突出主料和辅料的特点，使顾客看到菜名就知道主、辅料的构成，能引起人们的食欲。

（5）在主料前面加上菜肴的色彩或形态的命名。如"碧绿海参"、"菊花青鱼"、"葫芦鸭子"、"金银子鸡"等菜肴。这种命名方法主要突出菜肴的色和形，给人一种艺术美的感觉。

（6）在主料前面加上辅料烹调方法的命名。如"土豆烧牛肉"、"香菇扒菜心"、"姜葱炒肉蟹"、"蘑菇蒸鸡块"等菜肴。这种命名方法是最常见的，可从菜名中全面了解到这一菜肴所用的主辅料及采用的烹调方法。

（7）以烹调方法和原料的某一特征命名。如"拔丝苹果"、"氽奶汤鲫鱼"、"糟熘三白"、"烩三鲜"等菜肴。这种命名方法主要突出菜肴的烹调方法及菜肴的色泽等方面的特点，有些菜虽然没有标明所用的原料的名称，但可使人看到菜名就知道所用原料的特性和色泽。

（8）以形象或寓意命名。如"双龙戏珠"、"金银满屋"、"珠联璧合"、"比翼双飞"等菜肴。这种命名方法从字面上看，很难知道是用什么原料及烹调方法制成的，这种命名方法主要用于花色菜肴，满足人们吉祥、美满和对他人祝愿的心理。用这种方法命名应尽可能确切自然，注意含意，易于理解，回味无穷。

总之，因菜系、各地的风土人情、饮食习惯的不同，菜品的命名方法也很多，我们不能局限于上述几种方法，应根据菜肴的色、香、味、形、器、声、温度、亮度等特色，不断地创新，使菜肴命名更加切合人民的生活，更加名副其实，更加优雅、别致，富有文化内涵。

五、确定菜品价格

菜品价格的确定是菜单设计中最重要的环节，因为菜单中产品的价格高低直接关系顾客的购买行为，影响产品的成本控制和企业的经营效益，所以在确定菜品价格时应注意若干问题。

1. 必须了解产品的价格构成

产品价格的构成主要由产品的原料成本、经营费用、营业税金、经营利润四方面构成：

（1）原料成本：主要由产品所用的主料、配料、调料组成。

（2）经营费用：主要由职工工资、水电费、燃料费、维修费、洗涤费、广告费、办公费、低值易耗品费、折旧费、银行贷款利息及其他费用等组成。

（3）营业税金：主要由营业税、城市维修建设税、教育附加税、房产税、所得税及印花税等组成。

（4）经营利润：产品营业总额减去原料成本费用、经营费用与各种税金，所剩余的金额称经营利润。利润的高低是衡量企业经营效益的主要指标，也是产品定价的主要依据。

2. 必须了解影响产品价格的因素

在确定产品价格时必须考虑在确保企业保本的情况下能获得一定的利润，同时还要考虑顾客的需求及接受价格的程度、产品的竞争等因素。

（1）产品原料成本对产品价格的影响。原料成本的高低是产品定价的基础，饮食产品售价一般由原料成本加上销售毛利率组成，原料成本越高，产品售价就越高，销售毛利率越高，售价自然就越高。所以，一方面要控制原料成本价格，在采购原料中尽量控制价格，讲究质量，在加工中尽量提高原料的净料率；另一方面，要根据原料成本的高低，加上一定的销售毛利率，在保证利润的情况下确定售价。

（2）经营费用对产品价格的影响。经营费用的高低是确保产品利润的关键，如果不加强经营管理，人员工资很高，水电费、燃料费超出预定的费用，各种费用也偏高，要想保证产品利润就很困难了。所以必须降低经营费用，确定合理的产品价格，才有一定的利润。

（3）竞争对产品价格的影响。产品价格的高低除了受上述因素影响外，餐饮企业的竞争对产品价格也有着直接的影响。为了使企业在竞争中立于不败之地，往往采取一定的价格政策来吸引顾客消费，所以，要不断研究产品的竞争趋势，分析本企业产品所处的竞争地位和顾客对本企业价格政策的反应，以及时调整产品价格。

（4）不可控因素对产品价格的影响。产品价格往往受社会上各种不可控因素的影响，如政治因素，国家规定不能以公款请客，价格就要作出相应的变动；再如，全国爆发疫情，如“非典”、“禽流感”病毒流行，餐饮行业首当其冲受到影响；另外，国家经济发展的速度，人民币、外汇汇率的变化等因素或多或少都会对餐饮产品价格有一定的影响。

3. 必须了解产品定价策略

餐饮企业对产品的定价应具有一定的灵活性，不可能每一个菜肴毛利率、利润率都是一个标准，但在确定每一个菜的价格时既要掌握定价的政策，又要注重定价策略。

（1）产品定价要有标准。一个餐饮企业在确定产品价格时，必须掌握产品定价的总体标准，即成本率、毛利率、利润率的标准，根据标准来确定每一个菜的售价，当然不可能“一刀切”，而是有的菜毛利率高一些，有的菜毛利率低一些，总体毛利率则不可变。

（2）产品定价要有目标。餐饮企业在追求目标市场、目标利润，注重销售，刺激消费的定价目标的基础上，根据自己的产品质量和竞争状况来决定每个菜肴的价格水平，是高于还是接近或是低于竞争者是十分重要的。一般来讲，当竞争态势越是激烈，其定价越要接近竞争者。当企业需要争夺市场，扩大市场占有率时，往往产品定价低于竞争者价格，当企业要突出产品的质量，树立产品形象时，则将产品价格定为高于竞争对手同类产品的价格水平。

（3）产品定价要灵活。餐饮产品定价的灵活性主要针对一些新产品的开发、老顾客的照顾及团体用餐的优惠等方面。如对一些新产品开发往往采取市场暴利价格，也就是说其他餐厅没有的品种或无法仿制的产品，其价格无法相比的情况下，毛利率可高一些，有的新产品为了被消费者尽快接受，毛利率可低一些。有的新产品或新开的餐厅，为了迅速投入市场，被顾客所了解，采取打折销售或送优惠券等方式来刺激顾客消费等策略，都是一种灵活的定价方法。

确定菜品的价格不仅要掌握产品价格的构成、影响产品价格的因素与定价的策略等方面的知识，而且要不断分析餐饮市场的竞争态势，灵活确定每一个菜肴的价格，以利于企业的利润和发展。

六、确定菜单制作

菜单既是餐饮生产和经营的计划书，又是向顾客宣传和推销产品的工具，菜单制作从菜单的形式、内容的编排、制作材料的选择到文字的设计等无不是一项技术与艺术相结合的工作。

（一）菜单的形式

菜单的形式与颜色多种多样，怎样使菜单既有丰富的内容，又有吸引顾客的式样和外表，关键是菜单的格式、精美程度是否与餐厅的装饰环境相协调。各种餐厅的就餐形式、选择菜单的形式均有区别，目前最常用的菜单有以下几种形式：

（1）单页式。单页式一般用于快餐、小吃部、咖啡厅、茶馆等餐厅，以及特选菜单、时令菜单等，这类菜单设计制作较简单，成本较低，多为一次性菜单，很少重复使用。

（2）折叠式。折叠式菜单多为对折或三折的形式，一般用于各种宴席菜单。这类菜单设计精美，引人注目，一般放在主人或主宾的位置，如有十分隆重或重要的宴会，则每人一份菜单，可以平放或竖立在桌面上，起到点缀餐桌、吸引顾客、扩大宣传的作用。

（3）书本式。书本式菜单是酒店常见的一种菜单，一般用于零点菜单。这种菜单封面硬朗漂亮，内容丰富，菜肴排列有序，顾客可按照菜品的排列逐页挑选自己喜欢的菜肴。

（4）活页式。活页式菜单可根据季节的不同、饮食对象的差异、市场需求的变化和竞争状况等因素，及时调整菜单的某些品种和价格，而不必重新制作菜单封面。这种形式的菜单能节约成本，方便实用。

（5）悬挂式。悬挂式菜单常用于客房内的菜单。这种菜单一般悬挂于客房门把手一侧的墙上，易于被顾客发现、阅读和选用菜肴。

（6）艺术式。艺术式菜单就是具有一定艺术造型、丰富多彩的菜单的总称。这类菜单多用于重大的节日、美食节等推销而设计，如用于春节推销的宫灯式的喜庆菜单，圣诞节推销的圣诞老人菜单或是松树状菜单，螃蟹美食节推销的螃蟹状菜单等。这类菜单往往以独特的造型和色彩，体现出与一般菜单的不同，促使顾客翻阅菜单，从而给顾客留下难忘的记忆，达到推销产品的目的。

（二）菜单的内容

菜单的内容设计要根据整个餐厅的经营范围、服务方式、菜肴的类别等因素来编排，其顺序应根据人们的就餐顺序和思维次序来安排。有关中餐菜单内容的编排主要有以下几种方法：

（1）按菜肴的类别来编排。如冷菜类、炒菜类、大菜类、汤羹类、点心类、主食类等。

（2）按菜肴所用的主料来编排。如山珍类、海味类、河鲜类、家畜类、家禽类、蔬菜类等。

（3）按烹调方法来编排。如炒类、爆类、炖类、焖类、炸类、熘类、氽类等。

（4）按盛器或加热方法来编排。如火锅系列、铁板系列、烧烤系列、沙煲系列等。

（5）按菜肴风味或菜系来编排。如西北风味、北方风味、南方风味、江苏菜系、山东菜系、广东菜系等。

（6）按推销产品的方法来编排。如时令菜单、特选菜单等。

（7）按宴席的类别来编排。如生日菜单、婚宴菜单、各种美食节菜单、各种商务宴席菜单、各种招待宴席菜单等，这类菜单要根据饮食对象、规格和要求，从冷菜、热菜、点心到甜菜、水果等形成一整套的菜单。

（8）按菜肴的饮食功用来编制菜单。如滋补类、养颜类、健美类、美容类等。

上述各种菜单内容的编排方法，除顺序上有一定的规律外，在每个菜的数量和价格上也有一定的规定。如零点菜单必须标明每个菜的价格，有的还明确主、辅料的品种和数量，有的旁边还附上彩照等。

有关团体套餐和各种宴席菜单等都要按要求规定每套菜的规格和价格等。

（三）菜单的制作

制作一份理想的菜单，除了要选定好菜单的形式和内容外，还要注重对菜单的用纸、文字、印刷、规格、色彩与图案的选择、装帧方法等方面的要求。

1. 菜单用纸

正确选择菜单的用纸，不仅关系菜单设计质量的优劣，而且关系餐厅的档次和成本控制，所以要根据菜单使用的方式，合理选用菜单用纸。饭店使用的菜单有一次性和反复使用两种。

（1）一次性菜单主要用于快餐菜单、时令菜单、特选菜单及一般宴席菜单等。这类菜单用过后，有的会被顾客带走作为纪念，有的则现场处理掉，所以，可选择轻巧价廉的胶版纸等制作。但在制作时要高标准、高质量，不可粗制滥造。

（2）反复使用的菜单一般多用于零点菜单等。这类菜单使用时间长，要经得起顾客多次翻阅传递，可选择高级铜版纸、牙粉纸和特种纸等，外表要有塑料薄膜，使纸张不易卷曲，具有防水耐污、容易擦洗、防折、耐磨等特点。菜单的封面纸张要厚实，内页相对要薄，外壳可选用皮革制成，不宜选用塑料、人造革、绸绢等材料，因为这些材料易于折断、龟裂和沾污染渍。

2. 菜单字体

菜单字体的大小、粗细、排字的行距等与餐厅的风格、菜单的颜色等因素有密切的关系，具体应注意如下几点：

（1）字体选择要易识别。中国的书法历史悠久、博大精深、字体繁多，有行书、草书、隶书、楷书等。因隶书、草书以艺术性见长，有的人不易看懂，应少用或不用，一般多用于菜单的封面。楷书工整端庄，行书字体流利，易被顾客识别，一般多用于菜单的内页，起到宣传沟通的作用。

（2）字体大小要相宜。菜单的字体不宜太小，因为进入餐厅的顾客男女老少均有，如果字体太小，看起来会很吃力、难辨认，尤其一些近视或老花眼顾客更是无法看清菜单上的字，这将直接影响其消费情绪，所以，在设计字体时，要大小有致。一般来讲，栏目名称字体要大一些，正文字体则要小一些；中文的字体要大一些，英文的字体要略小一些。

（3）字体排列要协调。菜单的字不宜排列太多，太多会给人一种眼花缭乱的感觉。会使顾客前看后忘或是无心细看；如果字数太少，又会给人一种菜品不够、选择余地小的感觉，也浪费纸张、增加成本。一般来讲，一页纸上的字与空白应各占 50% 为佳。字体的排行间隙要保持一定的距离，使人读起来比较舒服。

（4）字体颜色要相配。字体的粗细、颜色要与菜单的大小、颜色相协配。因为字体太粗会给人一种厚实沉重的感觉；如果排得太密，会显得黑、糊；字体太细、太淡，又使人不易辨认。所以，在设计字体的粗细和颜色时，要考虑菜单的大小和纸张的颜色，如是白色或浅色的纸张，可选用黑色或彩色的字体；如是深色或灰色的纸张，可选用黑色或色差对比度较强的字体，起到既美观又突出的效果。

另外，字体的选择要与餐厅风格、菜单的作用相一致，如古典式餐厅宜用古典字体，现代式餐厅宜用现代字体。不同类型的菜单应选用不同字体，使菜单的内容既富有艺术性，又容易读懂，富有内涵。

3. 菜单规格

菜单规格的大小与菜单的类别、形式及餐厅风格有密切的联系。目前，全国各种菜单规格还没有统一的标准，完全根据各饭店的经营风格自行设计。最常见的菜单有如下几种规格：

（1）单页式菜单，规格一般是 28 厘米 ×40 厘米。

（2）折叠式菜单，有对折菜单，规格一般是 21 厘米 ×21 厘米；三折菜单，规格一般是 21 厘米 ×33 厘米；四折菜单，规格一般是 21 厘米 ×44 厘米。

（3）书本式菜单，规格一般在 36 厘米 ×52 厘米。

（4）活页式菜单，有大有小，小的规格一般是 22 厘米 ×22 厘米，大的规格一般是 35 厘

米 ×52 厘米。

（5）艺术性菜单，规格更是多种多样，完全可根据餐厅的风格、菜单的类别来精心设计，要求造型别致，形状多样。

4. 菜单颜色

在菜单设计中，我们要正确运用不同的颜色，使菜单色彩更漂亮，赏心悦目，使人发生兴趣，争相翻阅，从而起到推销菜品的作用。具体要求有如下几点：

（1）菜单颜色要与餐厅的风格相协调。如餐厅的装饰具有中国的传统色彩，以红色或其他暖色为主色调，菜单的颜色最好以古色古香为佳；如餐厅颜色主要是欧式或现代感较强的颜色，菜单颜色则不宜大红大绿，否则使人产生不伦不类的感觉。

（2）菜单的颜色要与餐饮主题相一致。一般来讲，喜宴的菜单的颜色以大红、粉红为佳，欢迎宴席以多种颜色组成为好，各种美食节应围绕主题，选定不同的色彩来烘托美食节的主题，起到画龙点睛的作用。

（3）菜单的颜色要讲求淡雅美观。在确定菜单的颜色时不宜通篇都是大红、大绿、大黑等统一色彩，如选用的色彩或纸张颜色太深，文字印刷后就很难辨认，所以，在设计菜单封面、内页、封底时，颜色可深可浅，可选用浅红、浅褐、米黄、天蓝等色彩为基调，点缀性地运用鲜艳色彩，使人感到雅致而有档次，也便于文字印刷和辨认。其次，菜单中的各种图案或照片，色彩要逼真美观，图案要色彩深浅有度，排列要错落有致，富有艺术性，使顾客阅读后，印象深刻，利于销售。

5. 菜单内容的正确性和严肃性

从内容来说，菜单不但是宣传餐饮企业产品的种类、价格、质量的主要文件，还是餐饮企业向顾客提供服务项目的承诺书。所以，在设计菜单内容时，应做到如下几点：

（1）菜单内容不能随意涂改。有的餐饮企业在更改菜单时，为了图方便，省成本，直接在原菜单上涂改菜名和价格，或用纸片、胶带遮贴在原菜名或价格上。这样显得既不严肃，也不雅观，使客人有一种上当受骗、不舒服的感觉，从而引起顾客的猜疑或投诉。

（2）菜单中的品种必须保证供应。有的餐饮企业提供的菜单，菜肴品种丰富多彩，应有尽有，多达几百种，但顾客点菜时，却出现“菜单有名，厨房无菜”的现象，直接影响顾客的消费情绪。所以，必须掌握一条原则，凡是菜单中列出的菜肴品种，必须保证供应。如果因原料供应情况、季节的变化等因素，无法保证产品供给，则应该及时更换菜单，否则会影响企业形象和经营效果。

（3）菜单中菜名要便于理解。最好对每一菜品的主配料、烹调方法及风味特色等作出简单介绍。有中外文对照的菜单，外文需翻译准确，其目的是让顾客正确理解每一种菜肴的结构和成菜后的口味，以便正确选择自己喜吃的菜肴。如有些菜名虽然富有诗意，十分雅致，但是顾客难以理解，无法选定其喜欢的菜肴，这样会直接影响菜肴的销售。

（4）菜单基本要素不可缺少。设计菜单时，除了菜单中的菜名、价格外，菜单中餐厅的名称、详细地址、营业时间、订餐电话、有关优惠条例等都必须写清楚，主要目的一是发挥菜单的宣传促销作用；二是便于顾客订餐，使更多的顾客来餐厅消费。

复习思考题

1. 菜单与宴席菜设计应掌握哪些原则?
2. 菜单与宴席菜设计中的要求有哪些?
3. 简述菜单与宴席设计的程序。
4. 菜单制作中应注意哪些事项?
5. 根据菜单与宴席菜设计的原则和要求，试设计一张60周岁生日宴席菜单。

具体要求如下：

(1) 人数：20人

(2) 季节：秋季

(3) 价格：每人80元（酒水除外）

(4) 规格：8个冷碟，7菜1汤（包括甜菜和蔬菜各一道），2道点心，1道水果拼盘

(5) 销售毛利率：50%

(6) 菜肴按出菜顺序排列

6. 试设计一张折叠式的春节宴席菜单，其菜单的形状、颜色、内容、文字等均自行确定。

模块四

宴席酒水及餐具设计

学习目标

- 了解宴席酒水的类别
- 掌握宴席酒水的设计要求
- 掌握宴席餐具及其设计要求

宴饮是件赏心悦目的雅事。宴席用酒注重以酒佐食，适量饮酒，可舒筋活血、开胃提神，增进或保持食欲；可以引发谈兴、助乐添欢，增加宴席气氛；可显示主人的热诚、宴饮的礼节，实现设置酒宴的社交目的。古语云："美食不如美器"。一桌色香味形俱佳的佳肴美酒，若是辅以精致的餐具，便能锦上添花、异彩纷呈。

任务一 宴席酒水的类别

宴席中的酒水主要有酒、水、茶、牛奶、果汁、咖啡等，根据其酒精含量，大致可分成酒精性饮料和非酒精性饮料。

酒精性饮料含酒精 0.5% 以上，习称为"酒"，通常有酿造酒（啤酒、葡萄酒）、蒸馏酒（威士忌、白兰地、伏特加）和再制酒之分。非酒精类饮料不含酒精成分，它可分为含咖啡因饮料类（茶、咖啡、可可）、果汁饮料类（新鲜果汁、加工果汁）、碳酸饮料类（可乐、汽水、苏打水）、乳制品饮料类（牛奶、脱脂奶、豆浆）以及水类（矿泉水、泉水）等。

一、中餐宴席用酒

中餐宴席用酒多选用白酒和黄酒。目前较常见的白酒主要有茅台酒、汾酒、五粮液、洋河大曲、剑南春、古井贡、董酒、泸州老窖特曲、西风酒、沱牌酒、二锅头等；较常见的黄酒主要有绍兴酒、龙岩沉缸酒等。

（一）宴席用白酒

1. 茅台酒

茅台酒在我国被称为"国酒"，因产于贵州省仁怀县西部赤水河中游的茅台镇而得名。茅台酒酒度为 53 度，具有独特的"茅香"，其香气柔和幽雅、郁而不猛、香而不艳、持久不散，饮后空杯留香不绝，人口味感柔绵醇厚，回味悠长，余香绵绵。

2. 汾酒

汾酒产于山西省汾阳县杏花村酒厂，酒度为 65 度。汾酒酒液清澈透明、清香馥郁，入口香绵甜润、醇厚、爽洌，饮后回味悠长，素有色、香、味"三绝"之美称，属我国清香型白酒的典型。

3. 五粮液

五粮液产于金沙江和岷江合流处的四川省宜宾五粮液酒厂，酒度为 60 度左右。其酒香属浓香型，具有酒液清澈透明、香气浓郁悠久、回味甘醇净爽的特点。

4. 洋河大曲

洋河大曲产于江苏省泗阳县洋河酒厂，酒度分为55度、60度、64度三种。洋河大曲以其“甜、绵、软、净、香”的独特风味蜚声海内外，其酒液透明、无色清澈、醇香浓郁，口感味鲜而浓、质厚而醇、软绵、甜润、圆正、余味爽净，回香悠久。

5. 剑南春

剑南春酒度有50度和60度两种规格，产于四川省绵竹酒厂，属于我国白酒中的浓香型大曲酒。剑南春酒液无色、透明、晶亮，气味芳香浓郁，口味醇和，回甜、清冽、净爽，饮后余香悠长，并有独特的“曲酒香味”。

6. 古井贡

古井贡产于安徽省亳县古井酒厂，酒度介于60度和62度之间，因取古井之水酿制、明清两代均列为贡品而得名，是我国具有悠久历史的名酒。古井贡酒液无色、清澈、透明如水晶，属于浓香型白酒，其香气纯净如幽兰之美，入口醇和，浓郁甘润，回味余香悠长而经久不息。

7. 董酒

董酒酒度有58度和60度两种规格，产于贵州省遵义市董酒厂，因厂址坐落于北郊的董公寺而得名。董酒属于混合香型白酒，酒液晶莹透明、香气扑鼻，入口甘美、清爽，满口香醇，风味优美别致，在我国白酒中独占一型、别具一格。

（二）宴席用黄酒

黄酒是我国历史悠久的传统酒品，它以糯米、玉米、黍米和大米等为原料，经酒药、麸曲发酵压榨而成。其特点是酒质醇厚幽香，味感和谐鲜美。其种类有以浙江绍兴黄酒为代表的江南糯米黄酒、以福建龙岩沉缸酒为代表的福建红曲黄酒、以山东即墨黄酒为代表的山东黍米黄酒。

1. 绍兴酒

绍兴酒是我国黄酒中历史悠久的名酒，因产于浙江绍兴而得名，简称“绍酒”。绍兴酒以糯米为主要原料，引鉴湖之水，加酒药、麦曲、浆水，用摊饭法、发酵法和连续压榨煎酒法新工艺酿成，酒液黄亮有光，香气浓郁芬芳，酒味鲜美醇厚。其著名品种有：元红酒、加饭酒、善酿酒、香雪酒、竹叶青、花雕酒、女儿红等。

2. 龙岩沉缸酒

龙岩沉缸酒产于福建省龙岩酒厂，已有150多年的历史。龙岩沉缸酒呈鲜艳透明的红褐色，有琥珀光泽，有红曲香、酒药香、米酒香，在酿造中形成浓郁的香气，酒质纯净、自然，酒味醇厚，糖度虽高达27度，酒度14.5度，但无黏稠感，诸味和谐且同时呈现。

（三）宴席用啤酒

啤酒是以大麦为主要原料，配以有特殊香味的啤酒花，经过发芽、糖化、发酵而制成的一种含二氧化碳的低酒精原汁酒。其特点是酒精含量在2%~5%，具有显著的麦芽和啤酒花的清香，味道醇正爽口，富含多种维生素和氨基酸等营养成分，素有“液体面包”之称。

啤酒的分类方法较多，根据啤酒是否经过灭菌处理，可分为鲜啤酒和熟啤酒两类。鲜啤酒又称生啤酒，没有经过杀菌处理，因此，保存期较短，在15℃以下可以保存3~7天，但口味鲜美，目前深受消费者欢迎的“扎啤”就是鲜啤酒。熟啤酒是经过杀菌处理的啤酒，稳定性好，保存时间长，一般可保存 3 个月，但口感及营养不如鲜啤酒。

鉴定啤酒的质量应考察其透明度、色泽、泡沫、香气和滋味。质量优良的啤酒应是酒液透明、有光泽，色泽深浅因品种而异，泡沫洁白细腻，持久挂杯，有强烈的麦芽香气和酒花苦而爽口的口感。

二、西餐宴席用酒

西餐宴席用酒以葡萄酒和葡萄汽酒为主，有时餐前要用开胃酒，餐后要用利口酒。由于西餐比较注重酒与菜的搭配，所以宴席用酒控制得比较严格。

1. 开胃酒

开胃酒是以葡萄酒或食用酒精、蒸馏酒为酒基，加入多种香料、草药制成，具有开胃、健脾之功效，一般在餐前饮用。宴席中常用的开胃酒主要有味美思、必打士酒等。

2. 甜食酒

甜食酒的主要特点是口味较甜，一般作为佐助甜食时饮用的酒品。著名的甜食酒有跑特酒、雪利酒、玛德拉酒等。

3. 白葡萄酒

白葡萄酒是将白葡萄（也有用紫葡萄的）除去果皮和籽儿后压榨成汁，经自然发酵酿制而成。具有怡爽清香、健脾胃、去腥气的特点，常配以海鲜等佳肴，是餐桌上必不可少的佐餐酒。盛产白葡萄酒最著名的国家是法国和德国，其中法国勃艮地区所产的白葡萄酒清冽爽口、爽而不薄，富于气质，被誉为“葡萄酒之王”。

4. 红葡萄酒

红葡萄酒是用紫葡萄连果皮和籽儿一起压榨取汁，经自然发酵酿制而成。红葡萄酒的发酵时间较长，果皮中的色素在发酵过程中融进酒里，使酒液呈红色。红葡萄酒一般陈年 4 ~ 10 年味道正好，品位上分为强烈、浓郁和清淡三种。法国波尔多地区生产的红葡萄酒优雅甜润，被称为“葡萄酒之女王”。

5. 玫瑰葡萄酒

玫瑰葡萄酒在酿制过程中采用了一些特殊方法，一般酿制 2 ~ 3 年即可饮用。其酒液呈玫瑰红色，不甜而粗烈，可与任何种类的菜肴、食物配饮。

6. 香槟酒

香槟酒产于法国香槟地区，是葡萄汽酒最典型的代表，它拥有独特、细致的气泡，浓郁芬芳的果香和花香，是世界上最富魅力的葡萄酒，被称为葡萄酒酒中之王。香槟酒呈黄绿色，清亮透明，口味醇美、清爽、醇正、不冲头，果香大于酒香，给人以高尚的美感，酒度 11 度，可以在任何场合，与任何食物配饮。

三、中餐宴席用茶

茶，是以茶树新梢上的芽叶嫩梢为原料加工制成的产品。全世界年产茶叶已超过 250 万吨，其中，90% 为全发酵红茶，8% 是不发酵的绿茶，余下的 2% 则是半发酵的乌龙茶。茶可直接沏做饮料，除解渴、清热之外，还具有提神、明目、醒酒、利尿、去油腻、助消化、降血脂、降血糖、防辐射等功效。其著名品种主要有：

1. 龙井茶

西湖龙井茶是中国绿茶的代表，向来以“色翠、香郁、味醇、形美”四绝著称于世。龙井茶的采摘全靠人工，清明节前所采摘的茶叶是最优质的原料，称为“明前茶”；清明后三四天所采摘的茶叶，称为“雀舌茶”；谷雨前采摘的芽叶则称为“雨前茶”。

2. 碧螺春

碧螺春主产于太湖洞庭东山和西山。“碧”是指碧绿清澈，“螺”是指像田螺的形状，“春”则是在春天采摘的茶叶。这种茶叶色泽碧绿，外形紧细、卷曲、白毫多，香气浓郁，滋味醇和。其茶汤碧绿清澈，叶底细嫩明亮，饮时爽口，饮后有回甜感觉。

3. 黄山毛峰

黄山毛峰主产于安徽黄山，属绿茶中的珍品。其外形美观，状若雀舌，尖芽上布满着绒细的白毫，色泽油润光亮，绿中泛出微黄。其茶汤清澈微黄，香气持久，犹若兰蕙，醇厚爽口。

4. 庐山云雾

庐山云雾茶主产于江西庐山，是中国著名的绿茶之一。其成品外形条索紧结重实，饱满秀丽，色泽碧绿光滑，香气芬芳。将云雾茶冲泡后叶底嫩绿微黄、柔软舒展，汤色绿而透明，滋味爽快、浓醇甘鲜。

5. 祁门红茶

祁门红茶是中国著名的红茶精品，产于安徽祁门县的山区，简称“祁红”。此茶条索紧细秀长，汤色红艳明亮，香气既酷似果香又带兰花香气，清鲜而持久。既适于纯饮，也可加入牛奶调饮。

6. 武夷岩茶

武夷岩茶是中国乌龙茶之极品，产于闽北武夷山岩缝之中，宋、元时期被列为“贡品”。武夷岩茶条形壮结、匀整，色泽绿褐鲜润，茶性和而不寒，久藏不坏，香久益清，味久益醇。泡饮时常用小壶小杯，其茶汤呈深橙黄色，清澈艳丽；叶底软亮，叶缘朱红，叶心淡绿带黄；兼有红茶的甘醇、绿茶的清香，且香味浓郁，即使冲泡五六次后余韵犹存。

7. 铁观音

铁观音是中国乌龙茶之上品，产于福建省安溪县内。其成品茶条索紧结，外形头似蜻蜓，尾似蝌蚪，色泽乌润砂绿。将它泡于杯中，常常呈现出“绿叶红镶边”的景象，有天然的兰花香，滋味醇浓。用小巧的工夫茶具品饮，先闻香，后尝味，顿觉满口生香，回味无穷。

8. 普洱茶

普洱茶主产于云南普洱县一带，本身是绿茶，经过后氧化、后发酵的方法制成。成品条索粗壮肥大，色泽乌润或褐红，滋味醇厚回甘，并具独特陈香。本品有降低血脂、减肥、抑菌、助消化、暖胃、生津、止渴、醒酒、解毒等功效，是一种具有多重保健功能的饮料。

9. 君山银针

君山银针，主产于洞庭湖中的青螺岛上，因茶芽外形像一根根银针而得名。其特点是全由芽头制成，茶芽头茁壮，长短大小均匀，茶芽内面呈金黄色，外层满布白毫且显露完整，色泽鲜亮，香气高爽。冲泡时根根银针直立向上，几番飞舞后团聚一起立于杯底，其汤色橙黄，滋味甘醇，虽久置而味不变。

10. 苏州茉莉花茶

苏州茉莉花茶，是中国茉莉花茶中的佳品，产于江苏苏州。与同类花茶相比，苏州茉莉花茶属清香型，香气清芬鲜灵，茶味醇和含香，汤色黄绿澄明。

茶的冲泡方法较多。冲泡一杯好茶，除要求茶本身的品质外，还要考虑冲泡茶所用水的水质、茶具的选用、茶的用量、冲泡水温及冲泡时间五个要素。

茶的饮用更是一门艺术。宴席中茶的配置，上一模块已做阐述。

四、宴席中的果汁

果汁类饮料来自天然原料，主要有天然果汁、稀释果汁、果肉果汁、浓缩果汁和蔬菜汁等类别。

天然果汁是指没有加水的 100% 的新鲜果汁。稀释果汁是指加水稀释过的新鲜果汁，这类果汁中加入了适量的糖水、柠檬酸、香精、色素、维生素等。果肉果汁是含有少量的细碎颗粒的新鲜果汁，如粒粒橙等。浓缩果汁在饮用前需要加水稀释，以橙汁和柠檬汁最为常见。蔬菜汁是指加入水果汁和香料等的各种蔬菜汁，如西红柿汁等。

五、宴席中的碳酸饮料

碳酸饮料是指含碳酸气的饮料的总称，其风味物质的主要成分是二氧化碳，同时还包含碳酸盐、硫酸盐等。

碳酸饮料的种类较多：普通碳酸饮料不含人工合成香料，也不含任何天然香料，常见的有苏打水、矿泉水碳酸饮料等。果味型碳酸饮料添加了水果香精和香料，如柠檬汽水、干姜水等。果汁型碳酸饮料含有水果汁或蔬菜汁，如橘汁汽水。可乐型碳酸饮料含有可乐豆提取物和天然香料，如可口可乐和百事可乐。碳酸饮料冰镇后（一般为 4℃ ~ 8℃）口感最佳。

六、宴席中的矿泉水

矿泉水来自地下循环的天然露天式或人工开发的深部循环的地下水，以含有一定量的矿物盐、微量元素或二氧化碳为特征，它有不含气矿泉水、含气矿泉水及人工矿泉水之分。矿泉水使用前应先冷却，温度达 4℃左右时饮用效果最理想。

七、宴席中的乳品饮料

乳品饮料是以牛奶为主要原料加工而成，常见品种有新鲜牛奶、乳饮、发酵乳饮等。乳品饮料含有丰富的蛋白质、卵磷脂、B 族维生素、钙质等多种营养成分，能有效预防骨质疏松症，对高血压、便秘等也有一定疗效。

八、宴席中的咖啡

咖啡是以含咖啡豆的提取物制成的饮料。其营养价值较高，具有消化、提神功能，适量饮用可以刺激肠胃蠕动，可以消除疲劳，舒展血管，并有利尿作用。

各种咖啡豆可单品饮用，亦可混合调配，通常用三种以上咖啡混拌，称为综合咖啡。或甘或酸，或香或醇，或苦或浓，风味各异。

任务二

宴席酒水的设计要求

酒水在宴席上占有举足轻重的地位，宴会自始至终都是在互相祝酒、劝酒中进行的。凡是重大的祭祀、喜事、丧事和社会交往等活动都离不开酒水，没有酒水就表达不了诚意；没有酒水就显示不出隆重；没有酒水就缺乏宴饮气氛。所以，人们常说："设宴待佳宾，无酒不成席。"

一、酒水与宴会的搭配原则

1. 酒水的档次应与宴席的档次相一致

宴席用酒应与其规格和档次相协调。高档宴席，宜选用高档次的酒品。例如，国宴用酒往往选用茅台酒，因为茅台酒被称为"国酒"，其身价与国宴相匹配。普通宴席则宜选用档次一般的酒品。例如，我国多数乡镇中的家常便宴习用当地酿造的普通酒。

2. 酒水的产地应与宴席席面的特色相一致

一般来讲，中餐宴席往往选用中国酒，西餐宴席往往选择外国葡萄酒，不同的席面在用酒上也注重与其地域相适应。例如，北京人的宴席常配二锅头酒，江苏人的宴席常配洋河酒，湖北人的宴席常配枝江大曲酒，而浙江民间婚宴中则流行用"状元红"。

3. 宴席中要慎用高度酒

无论是中餐宴席还是西式宴会，对于高度酒的选用一定要谨慎。因为，使用高度白酒佐餐，酒精会对味蕾产生强烈的刺激性，会影响就餐者对美味佳肴的品尝。过量饮用高度白酒，极易引起酒精中毒，既伤身，又败兴。

当然，宴会用酒，首先应遵从客人的意愿，当客人的意愿与饮酒的原则不相符时，不能片面地强调原则，而应以客人的具体要求为准则。

二、酒水与菜品的搭配原则

1. 酒水的配用应充分体现菜肴的特色风味

宴席中的酒品以佐助为主，处于辅助地位。酒水应充分体现菜品的风味特色，而不能喧宾夺主，抢去菜肴的风头。所以，在口味上不应该比菜肴更浓烈或甜浓，在用量上以适量为宜。例如，我国南方人饮用黄酒就特别讲究：元红酒专配鸡、鸭菜肴，竹叶青酒专配鱼、虾菜肴，加饭酒专配冷菜，吃蟹时专饮黄酒而不饮白酒。西式宴席更是讲究“白酒配白肉，红酒配红肉”。

2. 酒水与菜肴的风味要对等协调

酒水与菜肴的搭配有一定的规律可循，特别是西式宴席，有上什么菜配什么酒的习惯。

色味淡雅的酒应配颜色清淡、香气高雅、口味醇正的菜肴。例如，汾酒配冷菜，清爽合宜；干白葡萄酒配海鲜，醇鲜可口。色味浓郁的酒应配色调艳、香气馥郁、多味错杂的菜肴。例如，泸州老窖酒宜配鸡、鸭菜肴；红葡萄酒宜配牛肉菜式。咸鲜味的菜肴应配干酸型酒。甜香味的菜肴应配甜型酒。香辣味的菜肴应配浓香型酒。中国菜尽可能选用中国酒，西式菜尽可能选用西洋酒。

3. 酒水应尽量让客人接受和满意，不能抑制人的食欲

有些酒水饮后会抑制人的食欲，如啤酒和烈酒；有些酒水饮后会抑制人体的消化功能，如部分药酒和配置酒。这类饮品在某些场合不适宜充当佐餐酒。

无论配用什么类别的酒水，让客人接受和满意是一项非常重要的原则。如果客人自行点要的酒品违反了上述原则，或者服务人员向客人推荐的饮品没有得到客人的认同，仍然应该尊重客人的意愿，按照客人的兴趣和爱好去操作。

三、宴席酒水的选用方法

（一）西餐宴席酒水的选择

西餐宴席一般由开胃菜（头盆）、汤、色拉（副盆）、主菜（主盆）和甜点（含奶酪）五类菜品组成。受西方传统饮食文化与饮食习惯的影响，西餐各道菜肴与酒水的搭配有比较严格的规定。西餐用酒一般分为餐前用酒、佐餐用酒和餐后用酒三部分。

餐前用酒又称开胃酒，常见的有鸡尾酒和其他一些混合饮料，如马天尼、曼哈顿等。餐后用酒主要有利口酒、白兰地及其他一些混合饮料。

香槟酒可以与任何角色的菜肴搭配，但以配主菜、吃点心或致祝酒词时用得较多。对于西餐非酒精饮料，宾客在餐前一般选用蒸馏水，佐餐、佐酒时用果汁，餐后则喜欢饮用茶或咖啡。

（二）中餐宴席酒水的选择

中餐菜肴与酒品的搭配远没有西餐那样复杂，许多情况下，主人只提供全场统一的数种性质不同的酒水供客人选择。中国人赴宴饮酒时大多不喜欢一个人饮用多样的酒，没有特殊的缘故一般不会在宴席中途换酒。

中餐宴席酒水的安排大部分是这样处理的：

1. 餐前用饮料

一般是饮茶或软饮料，而以饮茶者居多。香港许多酒店或酒楼一般提供四种茶供客人选择。它们是普洱茶、花茶、铁观音茶和香片茶。至于软饮料，主要是可口可乐、百事可乐或雪碧之类的碳酸饮料。当然，也会碰到客人点用果汁、蒸馏水或矿泉水的情形。大多数客人在选定一种软饮料之后，在整个用餐过程中不再更换。

2. 佐餐酒

一般是度数较高的白酒和酒度较低的红葡萄酒或啤酒。每一类酒一般有 1 ~ 2 种供客人选择。当然，很熟的客人也会自点自己所喜爱的酒品。但在许多情况下，客人一般都会听从主人的安排，而且每桌所选用的酒品都相对统一。

3. 餐后用饮料

中餐习惯在餐后饮用茶水。因为茶水具有止渴、解酒和帮助消化的功效。中餐宴席较少喝餐后酒，如果朋友相聚酒兴未尽，则另当别论。

自助餐酒会由于菜肴与酒水由客人自取，酒水与菜肴的搭配随意性较大。

任务三

宴席餐具及其设计要求

餐具，即食具和饮具的总称。食具包括盛食器和取食器；饮具包括酒具、水具和茶具。餐具有中式餐具与西式餐具之分；若按材质归类，又可分为陶器、漆器、青铜器、竹木器、玉石器、象牙器、金银器、合金器、玻璃器、塑料器、钢铁器及瓷器等。

一、中式宴席中常见的餐具

在中式餐具中，瓷器的使用最为普遍。瓷器是用高岭土、正长石和石英等原料制胚，外涂釉料，在 1200℃高温的瓷窑中焙烧而成的。它在我国已沿用 1700 余年，至今盛誉不衰。其特点是：成品吸水率低，质地坚硬，造型艳丽，花色品种众多。瓷质餐具的形状有盘、碟、盆、碗、杯、勺、壶、盅；釉色有白、青、黄、绿、蓝和红。此外，按花的浅满程度分，有边花瓷和满花瓷；按边形分，有平边、绳边与荷叶边；按边色分，有镀金边、镀银边、孔雀蓝边、电边（黄边）、蓝边和白口边等。我国著名的陶瓷器有宜兴紫砂陶器、宁国紫砂陶、荣昌工艺陶、景德镇瓷器、淄博瓷器、佛山瓷器、醴陵瓷器、唐山瓷器等。

饮食行业中习惯于将餐具的品名、形状与规格联系起来定名。中式宴席中常用的餐具大体如下：

1. 腰盘

腰盘又称“腰圆盘”、“鱼盘”，外形呈椭圆，有深底和浅底、平圆边与荷叶边的区别。规格从 6 英寸到 32 英寸（10 英寸以下，每隔 1 英寸一个挡，10 英寸以上，每隔 2 英寸一个挡）。其用途是：7 英寸以下多作单碟，9 英寸左右可盛热炒或双拼、三镶，12 英寸左右装全鱼、全鸭等大菜，14 英寸左右拼装花色冷盘，20 英寸以上的多装烤乳猪、烤全羊或作托盘。

2. 圆盘

圆盘分平盘和窝盘，圆边或荷叶边。平盘边浅底平，规格从 5 英寸到 32 英寸；窝盘边高底深，从 5 英寸到 12 英寸，共 7 种型号。平盘的用途是：5 英寸作骨盘，7 英寸以下用于围碟或独碟，8 ~ 9 英寸用做热炒或双拼、三镶，10 英寸以上做什锦拼盘、盛装烧烤大菜或盛放席点，16 英寸左右做垫盘或拼装花色冷盘。窝盘主要盛装宽汤汁的烧、焖、扒、烩等菜；8 英寸左右盛装散座菜，10 英寸左右的盛装大菜。

3. 高脚盘

高脚盘底平口直，有脚，圆边或荷叶边，2.7 英寸的多作味碟，3 ~ 4 英寸多装蜜脯，8 ~ 12 英寸盛装干果、鲜果、点心或水饺之类的食品。

4. 长方盘

长方盘形状方长，四角圆弧而腹深。宜于盛装扒菜和造型菜，也可充当冷碟。

5. 碗

碗按形状分，包括庆口碗（碗形似喇叭）、直口碗（碗壁趋似桶形）和罗汉碗（碗肚鼓似罗汉）。按用途分，又有汤碗、菜碗、饭碗和口汤碗之别。汤碗口径多在 23 厘米以上，盛装二汤或果羹。菜碗又称“面碗”，口径 18 ~ 20 厘米，装宽汤汁的菜肴或面食小吃。饭碗口径为 11 ~ 15 厘米，主要盛饭、粥，或做扣碗。口汤碗口径为 5 ~ 9 厘米，可装作料，代替接食盘，因盛汤后可一口喝完而得名。

6. 品锅

品锅其形似盆，但有耳有盖，边壁比碗厚实，分 4 种型号。一号品锅口径 25 厘米，二号品锅口径 23 厘米，三号品锅口径 21 厘米，四号品锅口径 19 厘米。品锅一般用来盛装座汤，保温性能好，多用于春冬两季宴席中。

7. 火锅

火锅又称“暖锅”、“涮锅”，是炊具与食具合一的餐具，质地有铜、铝、陶、不锈钢、搪瓷等，常以石蜡、酒精、液化气、煤油、板炭或电能作燃料。有 5 种型号，大型的有特号和一号，中型的有二号和三号，小型的为四号。合餐制宴席多用大型或中型火锅，分餐制多用小型火锅。有的火锅有隔挡，名曰“鸳鸯火锅”、“四喜火锅”。火锅多用于冬季，有的是烹好菜肴后转入火锅保温加热食用，有的是用生料或半成品边涮边食。

8. 砂锅

砂锅又称“砂钵”、“炖钵”，陶制，分五种型号。4 号为小型，3 号和 2 号为中型，1 号和特号为大型。有的中有隔挡，可焖炖不同的菜肴，如“砂锅鱼头”、“砂锅什锦”等，主要用于冬、春两季，边炖边食，原汁原味。

9. 汽锅

汽锅似砂钵，带盖，中有隆起的孔管。烹制菜肴时，另备一锅煎熬中草药配料，将汽锅盛装全鸡、全鸭、全鳖、全鸽之类，放在药锅中炖熟，药味通过孔管沁入菜中。此类菜肴（如黄芪汽锅鸡）既有药香，又有菜香，滋补性强。

10. 煲仔锅

煲仔锅是一种与砂锅相同但比砂锅浅的炊具。主要用于烩、烧等带有较多汤汁的菜肴，如“牛腩芋头煲”、“乌鸡煲”等，菜肴上桌后还能保持滚沸的状态，起到了很好的保温作用。

11. 铁板

铁板是一种由生铁铸成的椭圆形的盘子，常与定制的木托配套。使用前先将铁板烧至滚烫，然后垫上洋葱丝，再铺上烹制的菜肴，如牛柳、海鲜等，上席后浇上兑好的卤汁，热气蒸腾，吱吱作响，能产生浓烈香气，增添宴席的欢乐气氛。

12. 小件餐具

小件餐具又称进食器，系指为每位客人单独配置的餐具。它通常是数件组合，展示不同的规格。四件（筷子、托碟、调匙、白酒杯）一组称四件头，多见于低档宴席；七件（四件之外再加饮料杯、接食盘、口汤杯）一组称“七件头”，多用于中档宴席；高级宴席则用“八至十一件头”（另加红酒杯、筷架、匙架、味碟、味匙等）。

小件餐具中，最常用的有如下六种：

（1）筷子，即夹食器，包括银筷、象牙筷、红木筷、乌木筷、漆筷、竹筷和木筷等，有方头和圆头、尖筷和平筷之分。

（2）托碟，又名“搁碟”。似平盘，边高，圆边或荷叶边，有 2.7 英寸、3 英寸、4 英寸数种规格，陈列作料，搁放汤匙。

（3）汤匙，又名“汤勺”，长 8 ~ 14 厘米，主要用做取食汤羹菜。

（4）酒杯，又名“酒盅”，高脚或矮脚，包括瓷杯、玻璃杯、玉杯、金杯、银杯、铜杯、木杯或竹杯等。其中，容量小的盛白酒，称作白酒杯；容量稍大的盛黄酒、果酒或药酒，称作色酒杯（或红绿酒杯）；容量最大的盛啤酒、矿泉水、可乐或果汁，称作啤酒杯（或水杯、饮料杯）。

（5）口汤杯。形似小饭碗，口径 5 ~ 9 厘米，主要用来分食汤汁或装作料。

（6）接食盘。又名卫生盘或骨碟，平底，圆形，口径在 5 ~ 7 英寸之间，陈放骨刺或食渣，承接剩物、杂物或汤汁。

除了常用的瓷质餐具、不锈钢餐具外，我国宴席中还有不少材质、形制和装饰用途比较特异的餐具，如竹质餐具（湖南竹筒菜、武汉小笼菜）、陶质餐具（湖北瓦罐菜、广东煲仔菜）、漆质餐具（福州脱胎漆器、荆州仿汉漆器）、骨牙餐具（北京牙雕、内蒙古骨器）、玉石餐具（抚顺琥珀杯、酒泉夜光杯）、塑纸餐具（我国台湾地区塑料餐具，武汉纸质餐具）、金银餐具（广州金银器、北京金银器）等。它们凭借天生的丽质，通过借形传神的独特设计和巧夺天工的精细打磨，将无限情趣寓于质朴无华的本色之中，具有很浓的民族文化色彩和很高的艺术收藏价值。

二、西式宴会中常见的餐具

西式宴会对于什么类别的菜要装什么盘，都有严格的规定。西式餐具中瓷质餐具的特性与中式餐具相似，其品种主要有如下几种：

1. 小盘

小盘的规格为 8 ~ 12 英寸，传统为 8 英寸，现代也有用 10 英寸的，主要用于冷盘、盛热开胃菜、副菜、甜品、水果等。

2. 汤盘

汤盘的规格与形状有三种。第一种是凹盘类，规格为 8 英寸，有带边与无边两种；第二种是汤碗类，规格为 6 英寸，分有耳与无耳两类；第三种是杯类，主要用于盛装鸡茶、牛茶等。

3. 大盘

大盘是圆的平盘，规格为 10 ~ 12 英寸，传统为 10 英寸，现代也有用 12 英寸的，主要用于盛装主菜。

4. 其他餐具

其他餐具是为烹制有特色的副菜所使用的，有长腰形烤斗，用于焗鱼、焗虾等；长腰形带盖的陶瓷盅，主要用于烩制野味类菜肴；带小凹圆的圆形盘（蜗牛盘），有瓷器与不锈钢两种，主要用于烙蜗牛、烙蛤蜊。

5. 咖啡杯、底盘

咖啡杯、底盘是配套使用的，咖啡杯分大号、中号和小号，按不同的用餐时间来选用。

6. 面包盘

面包盘规格为 6 ~ 7 英寸，传统为 6 英寸，现代也有用 7 英寸的，主要用于宴会中盛面包。

三、宴席餐具的配用原则

宴席中餐具的配用，必须注意相关法则：

1. 餐具类别要根据菜点属性来决定

不同菜式应配用不同的餐具，如烤、炸菜用盘、碟；汤、羹菜用钵、碗；烧、烩菜用窝盘；爆、炒菜用平盘。如果不按规则使用，会影响菜点的盛装和美观，也给服务和进餐造成种种不便。

2. 餐具形状要与菜点造型相称

中国菜式历来重视形态美，有的圆润饱满，有的高耸挺拔，有的丝条均匀，有的块片齐整，有的保持飞潜动植物的自然形态，有的被加工成各种几何图案。餐具除了盛放食品，还须映衬食品，因此，应当“因形选器”，使绿叶烘托红花。例如，球面状的菜多配圆盘，全鱼和整禽多用条盘，水饺多用高脚盘，瓜果切雕多用龙舟木盘，便是这个道理。

3. 餐具大小应与菜点分量适应

量多的须配大餐具，量小的须配小餐具，装菜不可过满，装汤不能超过“汤线”，其容量宜占容积的 75% ~ 85%，一则好看，二则也便于运送端放。装鱼或其他整件菜时，要前不露头，后不露尾，留有适当空间，使视觉舒畅。

4. 餐具色彩须与菜点色彩相辉映

盛器的色调与菜肴的色调可以是“顺色”（两者比较接近），也可以是“错色”（两者调开进行对比）。前者较少，后者较多，如白底餐具可装红、绿等深色菜；青花或红花餐具可装白、黄等浅色菜。目的是在盛器色彩反衬下使菜品更为艳丽爽目。

5. 餐具质理要与菜点档次吻合

高档酒席和名贵菜肴要用高级餐具，必要时可带银托、金托、红木座或髹漆合，以示珍贵；普通酒席和低档菜肴应配一般餐具，使其名实相符。不论何等质量的餐具，都要清洗干净，不可有破损（包括缺口和裂纹），不可有污斑。

6. 小件餐具的数量要依据宴席规格和进餐需要确定

普通酒席宜配 4 ~ 5 件，中档酒席宜配 6 ~ 7 件，高档酒席宜配 8 ~ 11 件。这既可显示接待等级，又可体现接待礼仪。

四、宴席餐具配用实例

下面是宴席餐具配用的实例，可供参考。

（一）中式宴席餐具的配用

1. 冷菜

彩碟多用 14 ~ 18 英寸的平盘；围碟用 4 ~ 8 只 6 英寸的腰盘；独碟多用 4 ~ 6 只 7 英寸的平盘；双拼冷碟多用 4 ~ 6 只 8 英寸的腰盘；三镶冷碟多用 4 ~ 6 只 9 英寸的腰盘；什锦拼盘多用 10 ~ 12 英寸的平盘。

2. 热菜

热炒多用 2 ~ 6 只 8 ~ 9 英寸的腰盘；大菜多用 5 ~ 9 只 10 ~ 16 英寸的腰盘、汤盘、方形盘；汤羹多用中汤碗（装甜汤）和大汤碗（装座汤）；炖盆多用 1 ~ 3 号炖盆。

3. 点心水果

干点多用 8 ~ 10 英寸的平盘；水点多用小汤碗或中汤碗；蜜脯多用 3 ~ 4 英寸的高脚盘；水果多用 8 英寸的平盘或高脚盘；炒花饭多用 10 英寸的窝盘；面条多用大号汤钵。

（二）西式宴席餐具的配用

西餐桌上的餐具很多，吃每一样菜点都要选用特定的餐具，不能替代或混用。通常情况下，菜品与餐具的搭配有如下讲究：

（1）龙虾类菜配热盆（或冷盆）、鱼叉、鱼刀、鱼虾叉、龙虾签、白脱盆、白脱刀和净手盅。

（2）咸鱼子类菜配冷盆、鱼叉、鱼刀、茶匙、白脱盆和白脱刀。

（3）牡蛎类菜配冷盆、牡蛎叉、白脱盆、白脱刀和净手盅。

（4）蜗牛类菜配热菜盆、蜗牛叉、蜗牛夹、白脱盆、白脱刀和净手盆。

（5）水果类菜配甜点盆、水果叉、水果刀、剪刀、盛冰水的透明碗、香槟酒杯和净手盅。

复习思考题

1. 宴席中常见的酒水可分为哪些类型?
2. 宴席中配用酒水有何作用?
3. 列出中国著名的十大白酒、两大黄酒的名称。
4. 中国茶的著名品种有哪些?
5. 酒水与宴席的搭配应遵守哪些原则?
6. 中餐宴席酒水有哪些配用方法?
7. 中式宴席中常用的餐具有哪些品类?
8. 宴席餐具的配用应遵守哪些原则?

模块五

宴席菜品与菜单设计

学习目标

- 掌握中式宴席菜品与菜单的设计与制作
- 熟悉中西结合宴席菜单与菜品的特点
- 了解大型宴席菜单与菜品的设计方法
- 掌握特殊宴席菜肴的制作要领

宴席是指人们为了某种社交目的，以一定规格的菜点、酒水等礼仪来款待客人的一种聚餐形式。宴席菜单设计与制作是构成宴席的重要组成部分，其水平高低是举办宴席成败的关键，所以，要求设计者不但要具备烹饪工艺学、烹饪原料学、烹饪美学、食品营养卫生学、饮食心理学、成本控制等方面的知识，而且还应具备较强的创新能力和组织能力。

任务一

中式宴席菜品与菜单设计

我国宴席菜设计与制作源远流长，博大精深，历代名厨大师设计和制作的各种名宴佳肴，为世人留下了很多风格各异、脍炙人口的菜品。

一、中式宴席菜的特点

1. 注重烹饪原料的选择

宴席菜点的原料选择以及烹调类别、味型、色泽的确定，必须结合季节特点设计和制作。可以优先选择时令烹饪原料，既体现中式菜点特色，又提高宴席档次。在色调上，在寒冷的冬季菜点色调应以暖色调为主，而在炎热的夏季菜点色调应以冷色调为主；在味型上，冬季宴席菜点口味应偏重些，夏季宴席菜点应以清淡为主。

2. 精于菜点的组配

宴席菜点的组配要准确把握客人的特点、参加宴席的人数，从就餐者实际的需求出发，组合成一套完整的宴席菜单。宴席菜点的数量是指组配宴席菜点总数量与每道菜点的分量，确定宴席菜点的数量是菜品设计的重要环节。

在宴席成本确定的情况下，菜点的组合应以就餐人数为依据，菜点的数量应直接与宴席档次和客人需求联系起来加以考虑，在数量上，应以每人平均500克左右的菜点为基数。宴席菜点结构必须合理，要注重营养搭配，保持菜点的酸碱平衡。

3. 突出了宴席的主题风格

宴席菜点的设计要分清主次，突出重点。宴席主题要与菜点制作相联系，如寿庆宴席、生日宴席、新婚宴席、庆典宴席等。在突出宴席的主题风格时，要发挥所长，反映地方特色，展示本地本店烹饪技术专长，充分选择名、特原料，利用独创技法，亮出名菜名点，达到新颖别致的效果。

4. 菜点结构多变

宴席菜就像一曲美妙的乐章，由序曲到尾声应富有节奏和旋律。在菜品设计中，既要注意风格的统一，又应避免菜式的单调和工艺的雷同，努力体现变化的美。一桌宴席菜点，从冷菜到热菜，通常由多道菜品组成，应充分显示菜品不同的个性，使菜点在色、香、味、形、质等几方面富有变化，并在上菜的顺序上有节奏感。

5. 体现宴席菜点的层次感

宴席菜点设计既要体现餐饮潮流，又要有层次感。高档宴席组配要求以精、巧、雅、优为原则，菜品制作要突出主题，菜点的件数不宜过多，质量要精；中档的宴席组配以美味、营养、适口、实惠为原则，菜点的件数、质量比较适中；低档宴席组配以实惠、经济、可口、量足为原则，菜点件数不能过少。

二、中式宴席菜品的设计要求

随着人们生活水平的不断提高，现代宴会菜品的设计有了更高的要求，具体应掌握如下几点：

1. 菜式风格的统一性

宴席菜点不是简单的拼凑，而是通过一系列烹饪制作与技艺进行的科学合理的组合。在设计宴席菜单时，要求宴席主题明确，突出重点，即宴席菜单的前奏和尾声服从主题的需要；突出重点，就是宴席菜点中要突出大菜，大菜中又要突出头菜，其烹饪原料、制作工艺与菜品要求都要高出一筹，以带动整桌宴席。力求菜点的新颖，充分展示当地饮食习俗和风土人情，使客人一朝品尝，回味无穷。

2. 组配工艺的丰富性

科学组配也是宴会菜品设计中一个重要环节，应结合季节特点设计菜点的味型，如冬季以浓香味型为主，夏季以清淡味型为主，秋季以辛辣味型为主，春季偏向酸味型；而菜点温度更要结合季节变化，冬季菜点温度要高些，夏季温度要适中。

3. 烹饪技术的多变性

宴席菜点的变化，在很大程度上取决于变化多端的烹调方法。各地具地方特色的烹饪技法是形成丰富多彩的菜肴的重要因素。一桌宴席菜点，在设计和制作时，要利用不同烹调方法提升档次，这也是衡量烹饪技术水平高低的重要标志之一。若宴席菜点制作技法单调，烹饪原料档次再高，给就餐者留下的印象也不会深刻。而多种烹饪方法的组合，会使宴席菜点变得丰富多彩。通过烹饪原料、加工、烹调、味型、菜式的互相调配，可使整桌宴席菜点在色、香、味、形、质、器等方面达到理想的效果。

4. 实施过程的周密性

宴席菜点牵涉面广，烹制难度大，工序和加工流程较复杂，技术水平要求高，所以，工作人员应全力以赴。周密的准备是保证宴席顺利完成的重要环节。首先要编制宴席菜单，制订工作方案，烹饪材料的采购与初步加工、烹调制作与主厨选定、配备餐具等要逐一落实。在开餐前再次对上述各方面进行全面检查，遇到特殊情况及时解决。厨师长是宴席菜单设计和制作的指挥者和组织者，应熟练宴席业务，亲临现场指挥，合理调配厨师技术力量，参与整个宴席制作的全过程。

三、中式宴席菜单的设计方法

宴席菜单的设计原则和宴席制作的具体要求需用文字形式下达，以便工作人员实施。宴席菜单的编制通常有两种形式：一是简单式，只列菜名，适合有丰富经验的烹饪厨师使用，这是社会上较为流行的形式；另一种是表格式，除了菜名，还须将烹饪原料、烹制方法、味型、特点、品质要求等，分门别类列出，适合于烹饪初学者，一般新开业大型酒店采用此方法。

（一）中式宴席菜单的设计步骤

1. 菜点的合理分配

宴席菜单在编制时，一是要选择合适的菜点；二是要将它们按宴席的要求和饮食习俗依一定顺序排列起来，使其与宴席风格相符合。如宴席菜单的类别、每类菜品的数量、各种菜点的规格等，所有这些都与宴席的档次密切相关。

在设计宴席菜单时要遵循“按质论价”的原则，防止菜品组配不合理。一般采用中式宴席的格局，合理组配宴席菜品，分为冷菜、热菜、点心、水果等，还要做好宴席菜品成本的分配，以确定菜点的选用范围。

2. 必用菜点的确定

必用菜点的选择，应以宴席菜单编制原则为前提，还要分清主次详略。通常采用如下步骤：

（1）要考虑就餐者的具体要求。

（2）考虑饮食习俗，在选用菜点上尽量显示当地风味。

（3）要发挥酒店烹饪特色，推出厨师特选，突出本店名菜点。

（4）要充分考虑能显示宴席主题的菜点，展示宴席的特色。

（5）要考虑时令特色菜点，选择富有特色的地方原料。

（6）要考虑烹饪原料的供应情况，适当安排一些价廉物美的菜点，便于合理调配宴席成本。

3. 确定主要菜点

宴席的主要菜点是整桌宴席的主角，各地区餐饮界一般以头菜来作为整桌宴席的“核心”。因此，首先要选择好头菜，在用料、口味、技法、装盘、点缀等方面的标准要讲究。头菜确定以后，其他菜点选择都要围绕头菜来组配，在质量和规格上要与头菜相适应，力求起到衬托头菜、突出主题的作用。

4. 宴席菜单的附加说明

宴席菜单的附加说明，作为宴席菜单的补充和完善，可以增加菜单的实用性，充分发挥指导作用。宴席菜单的附加说明通常包括以下内容：

（1）宴席的风味特色、适用季节和就餐者要求。

（2）说明宴席规格、宴席主题和办宴席的目的。

（3）列齐所用烹饪原料和餐具。

（4）写清宴席菜单出处和掌握的有关具体信息。

（5）介绍重点菜点的制作要求和整桌宴席的具体要求。

（二）中式宴席菜单的组成内容

中式宴席菜单一般由冷菜、热菜、甜菜、素菜、汤菜、点心组成。

1. 冷菜

通常造型美观、形态各异，作为“前奏曲”来吸引客人。在组配时，要求荤素兼备，质精味美，诱人食欲。冷菜道数一般以就餐人数而定，其荤素用料为二比一，或者荤素各半。如盐水鸭、陈皮牛肉、香糟鱼、酸辣白菜等。有时配上主盘，如潮式卤水拼、艺术冷盘等。

2. 热菜

热菜中，头菜烹饪原料以山珍海味、家畜家禽为主，要求刀工细腻，现烹现吃，烹制过程复杂。上菜时，质优者先上，质次者后上，突出山珍海味，以显示宴席规格。如木瓜燕窝、鲍汁扣鹅掌、鸡汁鱼翅、兰花鲍脯作为主菜。还有大菜，由 2～4 道组成，在制作上讲究风格，烘托整桌宴席的主要菜品，如松鼠鳜鱼、蟹粉狮子头、潮式冻蟹、脆皮乳鸽等。

3. 甜菜

甜菜泛指一切甜味食品，其品种丰富、风味独特，视季节和宴席而定，并结合宴席档次综合考虑，如拔丝苹果、冰糖湘莲、蜜汁山芋、桂花芋艿等。

4. 素菜

素菜在宴会中一要选时令菜，二要取其精华，三要精心烹制，四要适当艺术造型，如大煮干丝、蟹粉豆腐、上汤菜胆、砂锅菜核等。

5. 汤菜

宴席中的汤菜种类繁多，制作时调配严格，如茯苓龟汤、枸杞炖草鸡、天目湖鱼头、高汤鱼圆等，通常配 2 道汤。

6. 点心

宴席点心在制作上讲究造型，注重款式，制作精细，如素菜小包、富贵虾饺、香煎地瓜饼、叉烧酥等，一般配 2～4 道。

（三）中式宴席菜单设计的注意事项

（1）宴席菜单的设计根据档次和就餐人数确定菜品数量和质量。

（2）菜单的菜肴品种在营养、口味、烹调、色泽上要满足消费者需要。

（3）菜单中菜品要显示宴席主题，展示地方特色。

（4）宴席菜单在设计时要做好菜品的成本控制。

（5）选择主要菜品还要考虑厨房技术状况、设备以及原料供应等因素。

（四）中式宴席菜单实例

某酒店中式婚宴菜单

（每桌 10 人，每位 140 元，酒水除外）

龙凤呈祥	八味美碟	雀巢凤尾虾	生炒甲鱼
桂花鱼肚羹	栗香扣酱排	鱼米狮子头	脆皮鲈鱼
蒜香粉丝大扇贝	红椒金腿山珍	鲜蘑扒菜胆	扁尖炖草鸡
荠菜春卷	小笼汤包	萝卜丝酥饼	枣参贵子
水果拼盘			

某酒店寿宴菜单

（每桌 10 人，每位 120 元，酒水除外）

寿比南山	八味佳碟	生腌北极贝	蛋黄焗肉蟹
高汤炖甲鱼	脆皮蒜香骨	八宝葫芦鸭	杭味虾爆鳝
青瓜煮鱼肚	清蒸活鲈鱼	金玉满堂	双菇时蔬
美点双辉	酒酿元宵	水果拼盘	

某酒店商务宴菜单

（每桌 10 人，每位 260 元，酒水除外）

美味八彩碟	菜胆浓汤鲍	蟹粉烧花胶	香炒野鸭松
一品筋腩煲	生炊海石斑	西芹炒百合	扁尖炖乌鸡
鸡丝春卷	锦绣八宝饭	莲枣炖雪耳	时令鲜果盘

四、中式宴席菜肴制作的注意事项

1. 组织货源

根据宴席菜单的菜品要求确定各种原料的规格、质量及数量，向采购部提出购货。采购部选择合适的采购渠道进行采购活动。在订货时，一定要明确采购原料的质量、规格、数量和到货时间，这是宴席菜肴制作的基础。

2. 合理加工原料

原料的合理加工是保证菜品质量的前提。首先要根据宴席菜单的要求严格操作程序，同时还要控制原料加工的数量。高档宴席菜单一般选用山珍海味等高档原料，有些干货原料必须预先进行涨发、加工、烹调等，要认真操作，确保菜品质量。

3. 科学组配

要严格按照制定的菜品标准进行加工，在配制时，要根据宴席菜单标准合理配菜，又要考虑菜肴的色、香、味、形及膳食的营养平衡。

4. 精心烹制

宴席菜品的制作过程直接关系菜品的质量，要以标准菜谱为指南，做好菜品预热处理和特殊调味品的制作，耐火菜品要事先烹调，控制好上菜的速度等，使菜品色、香、味、形、器俱佳。

5. 有效控制成本

烹制宴席菜品时，还要做到合理利用原料，做到物尽其用，减少对原料的浪费，为企业创造最佳的经济效益。

任务二
中西结合宴席菜品与菜单设计

在中国传统的宴席基础上，吸取西式宴席的独特风味和中式宴席特色，两者结合而形成的新式宴席，近年来在餐饮界颇为流行，是中西饮食文化交流的产物，通常有自助餐式宴席、冷餐酒会式宴席、鸡尾酒会式宴席、茶会式宴席、中西合璧式宴席等，深受各界人士的欢迎。

一、中西结合宴席菜的特点

1．宴席气氛活跃，形式多种多样

这类宴席，形式多样，气氛活跃，其最大特点是采用中式和西式两种服务交叉进行，有利于菜品的区分，体现中西结合饮食文化风格，增添宴席气氛和点缀就餐环境，使客人感受异国情调。

2．菜品中西合璧，风味别具一格

冷餐酒会、鸡尾酒会这种宴席通常是以冷菜为主，热菜、点心、水果为辅，将各式菜品集中放置于展台上，宾主自主挑选喜食的菜点和饮料，自由交谈，不受传统宴席礼节约束，便于交流和外交活动。这种自助式就餐方式，具有节约宴席成本、烹饪原料浪费少、便于预先准备、节省时间、客人选择菜点范围大等优点。同时，讲究色泽和荤素搭配，口味富于变化，注重西式调味品运用，热菜采用加热保温设备，便于较长时间保持菜点温度。

3．现场烹饪菜肴，增加宴席氛围

这类宴席在菜品组配上增添了西式菜品，并且有些菜肴在餐厅中进行现场烹饪，让客人观摩，为宴席增添乐趣。常见现场烹饪菜品有西式煎牛排、煲仔极品翅、日式银鳕鱼、黄油焗大虾、黑椒煎羊排等。

二、中西结合宴席菜的要求

1．中西菜点配置比例要合理

在制定宴席菜单时，要根据消费者要求，注意中、西菜点配置的比例，以免在菜单中中式菜点的比重过大，给人感觉是中式宴席；也不要西式菜点占大部分，给客人感觉是西式宴席，最好中西菜点两者各占一定的比例。还要根据就餐者的人数、档次、要求全面衡量，制定合理菜品结构。

2. 注重菜品的统一协调

中西结合宴席的各类菜品搭配要合理，两者菜式及所用原料不宜相同，不要重复使用某一种原料。在烹调方法和口味上要注重变化。例如，西餐有烤鸡，中餐就不能再安排烤鸡了，否则，宴席效果就会受到影响。

3. 合理安排上菜顺序

中西结合宴席的菜品烹制，由于在两个厨房分别完成，在制定菜单时要考虑上菜顺序，以免造成上菜过程不统一，影响客人就餐。

三、中西结合宴席菜单的设计方法

中西结合宴席菜单设计不同于一般宴席菜单设计，它必须以中西宴席菜品为中心，以宴席特色为导向进行设计。它是将不同菜式风味进行适当的组合，成为一种全新风格的宴席。

1. 中西结合宴席菜单的组成内容

中西结合宴席菜单的内容包括冷菜、色拉、中菜、西菜、汤、点心、甜品、水果等。中式菜品和西式菜品在类别、品种、烹调方法等方面应各占一定的比例。

2. 中西结合宴席菜单设计注意事项

（1）菜品上菜顺序严格按照要求进行编排。

（2）菜品的品种尽量满足消费者的特殊需求。

（3）选择好组合方式，考虑中西式菜品组合之间的联系。

（4）菜单组配营养要合理，以满足人们的营养需求。

3. 中西结合宴席菜单实例

实例 1：某酒店中西结合宴菜单

（每桌 10 人，每位 180 元，酒水除外）

驰名八味冷盘	酥皮海味盅	黄油焗大虾	XO 酱海中宝
黑椒蜗牛鹅肝酱	日式烧烤鳗	酥炸龙脷鱼	榄菜炒豆角
冬瓜蒸饺	海鲜特式意粉	时令鲜果拼	

实例 2：某酒店中西结合宴菜单

（每桌 10 人，每位 250 元，酒水除外）

什锦蔬菜色拉	风味各客冷盘	刺身三文鱼	蟹粉白玉羹
胡椒汁煎西冷	铁扒鸡肝串	千岛菠萝虾	什锦天妇罗
茯苓老龟汤	意式馅饼	水晶蒸饺	火焰冰激凌

四、制作中西结合宴席菜肴的注意事项

1. 精心准备货源

选料是中西结合宴席制作的重要环节，包括对各种原料的采购、鉴别与选择。特别是西餐所用原料一定要提前准备，保证供应。

2. 合理安排人员

由于中西结合宴席是由中西两厨房共同制作，厨师长要合理地组织人员，根据宴席菜单明确分工，认真做好中西餐原料的切配加工、调味品的准备、原料的初步熟处理等。

3. 重视烹饪过程

烹制菜肴时要严格按照每道菜的标准菜谱的正确加工程序进行，首先，炉灶间必须充分做好开餐前的准备工作，对各种菜品的预热处理要统一协调，特殊调味品的预制工作要提前准备，对于一些特殊菜品需长时间加热的要事先烹调。其次，要控制好上菜的程序与节奏，要有专人负责协调这类宴席的上菜工作。

任务三 大型宴席菜品与菜单设计（选学）

大型宴席通常都有特定的主题，如国际友好往来、各种庆典活动等。这类宴席有着明确的目的和意义，参加人数众多，要求高，整个宴席都围绕主题进行。

一、大型宴席菜的特点

1. 宴席规模大，气氛热烈

大型宴席参加人数多，场面豪华，对菜品要求高，要突出主题，并有严格的开宴程序及上菜要求，举办者必须具有较高的组织能力。

2. 菜肴制作工作量大，菜品制作讲究

这种宴席因菜肴制作数量多、工作量大，事先要做充分的准备工作，服务程序要严格按设计的要求及规定进行，以免临场忙乱，影响整个宴席的进程和菜品质量。

二、大型宴席菜单的设计要求

1. 确定宴席菜内容

宴席菜内容主要根据就餐人数、对象、标准、原料的供应情况、厨师的技术水平和设备条件来确定。具体要明确菜品的名称、烹调方法、数量、荤素搭配比例及装盘的类型和形态。

2. 明确烹饪用料的计量

菜品内容确定后，通过对每道菜所用原料的分析和预算，并根据大型宴席的桌数，算出烹饪原料的数量，并加以成本核算。如达不到所规定的利润标准，要及时更换菜单内容，保证菜单的质量和数量的准确性。

3. 厨房人员安排合理

菜品内容一旦确定后，要明确总负责人，各项工作按现有厨师的技术水平具体分工，做到分工明确，负责到人，使各项工作按设计要求，有条不紊地进行。

三、大型宴席菜单的设计方法

设计大型宴席菜单首先要确定宴席主题，然后结合宴席档次及客人要求来设计菜单内容，以确定主要菜点和必用菜点。这类宴席菜单的设计，有时可采用集体讨论法来确定菜品，因为宴席规模大，参加人数多，组织难度大，要争取做到万无一失。

四、大型宴席菜单的设计实例

实例 1：某市金秋洽谈会菜单

（每桌 10 人，每位 200 元，酒水除外）

菊花盐水鸭	八味美碟	蟹皇白玉羹	蒜子小青龙
京葱炆三珍	尚汤软兜	酥银鳕鱼	菜胆扒花菇
满园春色	黄桥烧饼	荠菜春卷	什锦水果盘

实例 2：某酒店国庆招待会菜单

（每桌 10 人，每位 250 元，酒水除外）

潮州卤菜拼	精致八味碟	锦绣鱼翅羹	蒜香深海虾
南国妙龄鸽	蟹粉烩鱼肚	美极掌中宝	葱蚝活石斑
田园炒时蔬	美点映双辉	什锦水果拼	

五、制作大型宴席菜肴的注意事项

1. 烹饪原料

从原料的定量采购到初步加工都要精心组织，对干货原料要提前进行涨发，并根据季节变化，对需要初步加工的原料，应尽早加工，并要妥善保管，各种原料准备工作尽量充分、正确，符合烹调要求。

2. 菜品制作

大型宴席就餐人数较多，需要的菜品数量大，集中在开宴时进行烹制就显得时间紧迫，很可能耽误开宴的时间。所以，必须在条件允许的情况下，提前烹制成部分菜品。对一些需要保持鲜嫩和颜色的菜品则即时烹制。

3. 盛器

大型宴席所用的各种规格的碟、盘等盛器特别多，必须在装盘前彻底清洗、消毒、烘干。凡是宴席所用的盛器必须数量准确，规格齐备，无破损现象。

4. 装盘

菜品的装盘是宴席设计的最后一道工序，要根据宴席的桌数、厨师技术力量和装盘的繁简，在时间上作出正确的估计。如果设备好，气温不太高，有些菜肴可适当提前装盘。尽量一道菜走完接着准备下一道菜，以免造成紧张忙乱，影响正常上菜程序。在装盘过程中，必须分工负责、检查督促，并认真执行。装盘完毕后，还要做好点缀工作，形成整体美的效果。

任务四 特殊宴席菜品与菜单设计

特殊宴席就是在烹饪原料运用上、烹调方法上和宴席形式上具有一定特色，往往用一种或同类的原料采用不同的烹调技法制出口味各异的菜品，以宴席的规格要求组合起来，如全鸭宴、全羊宴、全鱼宴、全素宴等。

一、特殊宴席菜的特点

1. 选择原料严格

特殊宴席设计成功与否取决于设计的科学性、合理性，同时还取决于原料的选择和厨师技艺的高低。特殊宴席菜十分注重原料的合理选用，通常以一种原料为主，采用各种烹调技法制作成各种菜品。不同原料、不同部位的品质各有特点。如猪肉，前腿肉精中夹肥、质粗而老韧，后腿肉精多肥少，里脊肉鲜嫩异常。制作菜品时应根据烹饪之需合理选用原料，肋条肉制作东坡煨肉，大排肉制作南乳炸猪排，蹄膀制作冰糖扒蹄，里脊制作尖椒炒里脊等。

2. 烹饪技法各异

特殊宴席菜更加体现因材施艺，可以说是形成特殊宴席菜品多样化的原因之一。因材施艺就是根据原料特点，采用不同的烹饪方法和巧妙切配组合，制成特殊宴席菜品，其菜品主料单一，色、香、味、形各异，别具一格。

3. 菜品组配巧妙

制作特殊宴席非常讲究菜品造型，对同一种烹饪原料要采用不同的造型技法和组配工艺，使宴席菜品丰富多彩、艺术性强。在色泽上则讲究各菜品之间要有区别。所以，在整体设计时要全面考虑，在原料的搭配上要科学、巧妙，富有时代气息。

二、特殊宴席菜单的设计要求

1. 突出菜品的地方性

特殊宴席菜尽量以当地土特产为原料，结合各种烹饪技法，烹制出风味独特的菜品。例如江南盛产鸭，可制作“全鸭宴”，北方盛产羊，可制作“全羊席”等。

2. 讲究菜品组合的科学性

制作这类宴席，由于主料单一，菜品变化要求高，加工难度大，因此，菜点的组合更要讲究科学合理，搭配时要考虑突出烹饪特色，菜品与菜品之间既要形式统一，又要讲究营养均衡，充分显示宴席的独特。

3. 显示烹调技艺的特殊性

特殊宴席菜一般以某一种原料为主，菜点主题要围绕这种原料展开。设计菜单时要考虑原料的局限性，必须巧妙采用多种辅料和各种烹调方法方能制作出各种美味佳肴。

三、特殊宴席菜单的设计方法

在设计上一般以某种菜品原料和某一主题宴席为指导思想。首先确定宴席菜单的主要菜品，再配置辅助原料，用制作菜品的现代工艺流程，配制出特殊宴席菜肴。

（一）特殊宴席菜单的内容

一般分为冷菜类、热菜类、素菜类、点心类、汤类、水果类等。

（1）冷菜类：基本上以某一种原料或某一主题为中心的菜品。一般为 8 个单盘，例如全鳝宴冷菜有脆鳝、鳝酥、炝虎尾等。

（2）热菜类：一般安排 6～8 道菜品为宜。如全鸭宴可上烧鸭、金牌火鸭卷、白玉烤鸭羹、宫保鸭丁、香酥肥鸭等。

（3）素菜类：一般安排 1～2 道菜品为宜，选用与特殊宴席主题相近的原料制作，如全鸭宴的烤鸭煮干丝、全蟹宴的蟹粉豆腐等。

（4）点心类：一般安排 2～4 道点心为宜，应尽量是与宴席主题相关的点心品种。如全鱼宴的鱼汤小刀面、全蟹宴的蟹黄汤包等。

（5）汤类：一般配以 1 道羹菜和 1 道某一原料烹制的汤菜。

（6）水果类：一般配以时令水果为佳，把多种水果拼为一盘。

（二）特殊宴席菜单设计的注意事项

1. 突出特殊宴席的主题

宴会的主题不同，其菜品的组成形式就有所不同。特殊宴席必须按照某一主题来设计宴席菜品，尽量满足消费者的各种需求。

2. 菜点命名要富有内涵

菜品的命名既要让客人读懂内涵，又要使客人产生食欲和联想，回味无穷。特殊宴席菜命名还应结合宴席特点，既显得不落俗套，又能突出宴会主题，增加气氛。

3. 菜点要有独创性

特殊宴席菜点无论在整体设计上，还是单个设计上，都要有独创性，否则，就难以吸引客人。宴席菜单设计必须显示特色，表现出酒店宴席菜点的个性及时代特征，让客人在享受宴席的同时，得到文化艺术的熏陶。

创造性地设计特殊宴席菜点可从以下两方面考虑。

（1）对传统特殊宴席应采取继承与发扬相结合的方法。发扬传统特殊宴席菜的特色，并对传统特殊宴席菜作深刻的分析，取其精华，再进行改良和创新。

（2）结合时代背景，创新菜点。现代人参加宴席有各种各样的心理，应当设计一些能让人们学到知识、获得灵感的特殊宴席菜。

4. 重视面点的配置

一桌丰盛的美味佳肴，若没有点心配合，就好比红花没有绿叶衬。在饮食行业中有句俗语："无点不成席。"点心是特殊宴席菜单中不可分割的一个整体。

（三）特殊宴席菜单设计实例

实例 1：某酒店全鸭宴席菜单

（每桌 10 人，每位 120 元，酒水除外）

冷菜			
盐水鸭	卤鸭肫	辣油鸭肝	陈皮鸭丁
葱油鸭舌	双黄咸鸭蛋	鱼香鸭肠	酥味鸭条
热菜			
白玉烤鸭羹	鸭包鱼翅	松子鸭卷	炒美人肝
掌上明珠	叉烧全鸭	鸭油时蔬	扁尖鸭方汤
点心			
鸭肉烧卖	春泥鸭蓉饼		
甜菜			
橘瓣芙蓉			
水果			
什锦果盘			

实例 2：某酒店全鱼宴席菜单

（每桌 10 人，每位 100 元，酒水除外）

冷菜			
金鱼戏水	手撕糟鱼	五香熏鱼	咖喱鱼球
茄汁鱼片	橘香鱼糕	瓜姜鱼丝	鱼露芹菜
红油鱼皮			
热菜			
芙蓉银鱼	龙舟云吞	糖醋鱼扇	豉汁蟠龙鳝
冬菜蒸鳜鱼	鲮鱼炒芥菜	枸杞炖甲鱼	
点心			
生煎鱼肉锅贴	鱼汤小刀面		
甜菜			
拔丝鱼丸			
水果			
时令果盘			

四、制作特殊宴席菜点的注意事项

制作这类宴席的关键在于生产环节，厨房各岗位要共同负责，首先，原料数量要根据整桌宴席就餐人数来确定，做到合理利用原料；其次，菜肴制作过程中尽量选择不同技法，餐具的配套、上菜程序的衔接等各项协调工作，则由有经验的厨师长负责，以保证每道菜品都能按质、按量、按时地上桌。

复习思考题

1. 中式宴席菜单与菜品设计与制作的特点和要求是什么？
2. 中西结合宴席的特点有哪些方面？
3. 简述中西结合宴席菜单与菜品设计要求和方法。
4. 试述大型宴席菜单与菜品设计要求。
5. 特殊宴席菜单与菜品的设计要求有哪些？
6. 中式宴席菜单与菜品设计的注意事项包括哪几方面？
7. 中式宴席菜肴制作要求有哪些？
8. 根据特殊宴席要求设计菜单一份

（1）季节：春季

（2）主题：全鱼宴席

（3）标准：每桌 10 人，800 元一桌

9. 根据中西结合宴席要求设计菜单一份

（1）季节：冬季

（2）主题：新春佳节宴

（3）标准：每桌 10 人，1400 元一桌

10. 中式宴席菜单的组成内容有哪些？请举例说明。

模块六

宴席台面与台形设计

学习目标

- 掌握宴会场景设计
- 掌握宴席台面设计
- 掌握宴席台形设计

幽雅大方的就餐环境与实用美观的宴席台面设计，将为客人营造出良好的就餐氛围，优质的宴会服务能够提升赴宴宾客的满意度，能给酒店带来积极的口碑。宴席台面于台形设计主要由服务人员来完成，它在整个宴饮活动中占有非常重要的地位。

任务一 宴会场景设计

宴会场景设计是指针对宴席进餐场地的布置、装饰以及餐桌椅排列而制订的方案或图样。宴会场地是宾客的主要活动场所，人们可以从它的布置上感受到宴会的主题与气氛，故而其设计的好坏直接影响到宴会的效果。

一、宴会场景的设计原则

1. 符合主题，富于美感

由于举办宴会的目的不同，其所表现的主题也有差异，设计时必须依据其主题来确定环境气氛的基调，如庄重、热烈、隆重、典雅、豪华等；或具有某一地方特色与民族特色。这可利用花卉盆景、地方或民族名特工艺品、墙饰标志、色调灯光、设备器物等手段来体现。

2. 中心突出，方便实用

宴会的讲台、主台等中心位置要明显突出，桌椅之间的排列要整齐美观，方便客人进餐出入和服务人员服务。设计时还要考虑餐厅内的客观条件和具体情况，不可千篇一律。

二、宴会场景设计的步骤与方法

（一）确定餐台

确定餐台，即定好餐台的类别、形状、数量及规格。

1. 主台

宴会主台指供宴席主宾、主人或其他重要客人就餐的餐台，通称为“1 号台”，它是宴请活动的中心部分。主台一般只设 1 个，安排 8 ~ 20 人就座，用圆形台或条形台。中餐宴会以圆形主台为多，主台的规格为：圆台直径最小为 180 厘米，且要比其他餐台大。长台规格至少为 240 厘米 ×120 厘米，根据所坐人数，再相应增大。

2. 副主台

参加宴会的贵宾较多时，可设若干副主台。它以圆台为主，设 2 ~ 4 个，每席坐 8 ~ 12 人。

其大小应在主台和普通台之间，一般是直径为 160 ~ 180 厘米。

3. 一般餐台

多选用圆台，每席坐 10 人，餐台的直径至少应为 160 厘米，但对于中低档大型宴会，由于场地面积的限制，也可选用相应略小的规格。

4. 备餐台

多为长条形，根据餐桌数量和服务要求而设。一般是 1 餐台配 1 个或 2 ~ 4 个餐台配 1 个，用小条桌、活动折叠桌或小方桌拼接。备餐台有多种规格，不作统一要求，应视具体情况而定，如 40 厘米 ×80 厘米、45 厘米 ×90 厘米、80 厘米 ×160 厘米等。

5. 临时酒水台

宴会规模较大时，可设若干临时酒水台，以方便值台员取用。精心布置的酒水台还具有一定的装饰效果。在有充足备餐台的情况下，亦可不设酒水台，而直接将酒水摆在备餐台上。酒水台的形状、规格不作统一要求。

（二）确定餐椅

宴会餐椅以靠背椅为主，主台的餐椅可以特殊一些，场地较小时还可选用餐凳，同时还要考虑预备一定数量的备用餐椅。

（三）确定绿化装饰

1. 绿化装饰区域

绿化装饰区域一般是在厅外两旁、厅室入口、楼梯进出口、厅内的边角或隔断处、话筒前、花架上、舞台边沿等，宴会餐台上有时也布置鲜花。

2. 盆栽品种

盆栽品种可供选用的有盆花、盆果、盆草、盆树、盆景等几种。一般来说，喜庆宴会可选用盆花，以季节的代表品种为主，形成百花争艳的意境，以示热烈欢快的气氛。如求典雅可多用观赏植物，如文竹、君子兰。至于阔叶植物棕榈、葵树以及苍松、翠柏之类，其树形开阔雄伟，点缀或排列在醒目之处，亦能增加庄重的效果。宴会餐台排列较松散时，可用盆栽点缀。选用盆花时还要考虑各国各地习俗对花的忌讳，如日本忌荷花、意大利忌菊花、法国忌黄花等。

（四）确定标志与墙饰

标志指宴会厅中使用的横幅、徽章、标语、旗帜等。这是表现宴会主题的最直接方式，要根据宴会的性质、目的及承办者的要求来设置。如国宴，就要悬挂主客双方的国旗，菜单上要印国徽；婚宴可悬挂大红喜字或龙凤呈祥图案；其他可悬挂横幅。

墙饰指宴会厅内四周的字画、匾额、壁毯及其他类型的工艺装饰品，它对整个宴会的环境起着衬托和美化作用。在一般情况下，它是相对固定的，非特殊要求可不做更改。

（五）确定色彩与灯光

宴会厅内各部分的色彩必须依据一定美学原理合理搭配，注意色调的和谐及统一。因此，要注意对地毯、窗帘、台布、口布、台裙、椅套、服务人员制服等色彩的选择。对于一般的宴会厅来说，这方面的选择余地不会太大。

中餐宴会的灯光应设计得明亮、辉煌，在讲台、主台、舞台所处的区域，其光线应当更强一些，以显示其重要性。席间演出时，餐台区域的光线要调暗些，可以通过调整灯光的亮度、色彩，增减灯具的数量等方式使灯光适合宴会要求，必要时也可辅以烛光，以增加特殊情调。

（六）画出餐台排列平面布局图

1. 突出主台

主台应处于宴会场地的正中或最显眼的位置，要能纵观全场。

2. 整齐划一

桌椅排列应整齐，形成一定的几何图案，不能太零散、太杂乱，至少应保持横竖成行。

3. 出入方便

餐桌之间要留出适当的空间，以最小座空 40 厘米为基准。大规模的宴会要留出主行道，主台四周的空间也应适当地大一些。宴会标准较低且场地面积有限时，可酌情缩小餐桌之间的距离，但要保证客人能够坐下。

4. 标上台号

以主台为 1 号，副主台为 2、3 号，然后以主位面朝全场的方向为基准，按右高左低、近高远低的原则确定后续的台号。

5. 合理安排其他餐台

备餐台多靠边、靠柱而设，且与相应的餐台较近。酒水台的位置视情况而定，一般宜在各区域的靠边位置。它们均不能影响整体布局。

6. 合理安排其他活动区域

签名台、礼品台区域。签名台多选用长条形餐桌，一般设在靠近宴会厅大门外的地方。礼品台可与签名台设在一起，也可单独设在签名台旁边或后面。

讲话致辞区域。设在餐台整体布局的正前方，或主台的右上方。配有立式话筒或简易讲台。必要时设台板以便讲话人更加醒目，并用鲜花盆栽族围。盆栽高度一般不要超过 1 米。

伴宴乐队区域。有正规舞台的宴会厅，可设于舞台的左侧或右侧，一般不适于设在舞台正中，除非伴宴后有文艺演出或其他活动。无正规舞台的宴会厅，伴宴乐队可安排在距宾客座席 3 ~ 4 米处的厅内后侧或左右两侧，太近会影响交流，太远又达不到应有的效果。

席间演出区域。无舞台的宴会厅其席间演出场地可设于餐台布局正前方，或餐台布局的中间，并铺上地毯，场地四周用花木围起或点缀。

7. 画出示意图并以图示说明

画出宴会的整个场景示意图，并写出图示说明。

（七）列出宴会场景布置的物品配置清单

较为简单的物品配置可直接在场景布局示意图上标出，复杂情况下则须另列清单，以便有关人员逐一落实。

任务二 宴席台面设计

一、宴席台面的种类

宴席台面的种类很多，通常按餐饮风格划分为中餐宴席台面、西餐宴席台面和中西混合宴席台面；也可按宾客的人数和就餐的规格划分为便宴台面和正式宴会台面；按台面的用途又可以划分为餐台、看台和花台。

（一）按餐饮风格分

1. 中餐宴席台面

中餐宴席台面用于中式宴席，一般使用圆桌台面和中式餐具进行摆台设计，如筷子、骨碟、汤碗、汤勺、味碟及各种酒杯等。

2. 西餐宴席台面

西餐宴席台面用于西式宴席。常用方形、长形台面，或用长形、半圆形、1/4圆形等台面搭成椭圆、T形、工形等各式台面。西餐摆台设计时使用西式餐具，如金属餐刀、餐叉、餐勺、菜盘、面包盘和各种酒具、银制烛台等。

3. 中西混合宴席台面

由于中西饮食文化的交流，许多中餐菜肴都采用了中菜西吃的用餐形式，既保持了中菜的优点，又吸收了西菜用餐方式的长处，这是一种值得推广的用餐形式。中西混合宴席台面可使用圆台或西餐各种台面。摆放的餐具主要有：中餐用的筷子、骨碟、汤碗，西餐用的餐刀、餐叉、餐勺及各种酒具等。

（二）按台面用途分

1. 餐台

餐台也叫食台、素台，在饮食服务行业中称为正摆台。这种宴席台面的餐具摆放应按照就餐人数的多少、菜单的编排和宴席标准来配备。餐台上的各种餐具、用具，间隔距离要适当，清洁实用，美观大方，放在每位宾客的就餐席位前。各种装饰物品都必须整齐一致地摆放，而且要尽量相对集中。

2. 看台

看台是指根据宴席的性质、内容，用各种小件餐具、小件物品和装饰物品摆设成各种图案，供宾客在就餐前观赏。在开宴上菜时，撤掉桌上的各种装饰物品，再把小件餐具分给各位宾客，让宾客在进餐时便于使用。这种台面多用于民间宴席和风味宴席。

3. 花台

花台，就是用鲜花、绢花、盆景、花篮以及各种工艺美术品和雕刻物品等，点缀构成各种新颖、别致、得体的台面。这种台面设计要符合宴席的内容，突出宴席主题，图案造型要结合宴席的特点，要具有一定的代表性或者政治性，色彩要鲜艳醒目，造型要新颖独特。

二、宴席台面设计的基本要求

一个成功的宴席台面设计，既要充分考虑到宾客用餐的需求，又要有大胆的构思、创意，将实用性和观赏性完美地结合，所以在宴席台面设计时，至少要满足以下几个基本要求。

1. 根据宾客的用餐要求进行设计

在进行宴席设计时，每个餐位的大小、餐位之间的距离、餐用具的选择和摆放的位置，都要首先考虑到宾客用餐的方便和服务员为宾客提供席间服务的方便。

2. 根据宴席的主题和档次进行设计

宴席台面设计应突出宴席的主题。例如，婚庆宴席就应摆"喜"字席，百鸟朝凤、蝴蝶戏花等台面；如果是接待外宾就应摆设迎宾席、友谊席、和平席等。

台面设计还应考虑到不同宴席档次，根据宴席档次的高低来决定餐位的大小、装饰物及餐用具的造价、质地和件数等。

3. 根据宴席菜点和酒水特点进行设计

餐用具及装饰物的选择与布置，必须由宴席菜点和酒水特点来确定。不同的宴席配备不同类型的餐用具及装饰物，如中餐宴席应选用传统的中式餐用具，如筷子、骨碟、汤勺等；西式宴席讲究食用什么菜点配备什么餐具，如西餐中有头盘刀、头盘叉、沙律刀、沙律叉、主餐刀、主餐叉、甜品勺、甜品叉、汤勺等餐具，配以不同特色的菜点；饮用不同的酒水也应摆设不同的酒具，如饮料杯、红葡萄酒杯、白葡萄酒杯、啤酒杯等。

4. 根据美观性要求进行设计

宴席台面设计在满足以上要求的基础上，还应结合文化传统、美学原则进行创新设计，将各种餐用具加以艺术性陈列和布置，起到烘托宴席气氛，增强宾客食欲的作用。

5. 根据卫生要求进行设计

安全卫生是饮食行业提供服务的前提和基础，也是宴席台面设计时应考虑的重要因素之一。要保证摆台所用的餐用具都符合安全卫生的标准，在摆台操作时要注意操作卫生，不能用手抓餐具、杯具的进口或接触食物的部分。

三、宴席摆台的步骤与方法

中餐宴席摆台主要包括铺放台布、安排席位、摆放餐具、美化餐台等操作步骤。其基本技法为：

1. 选餐台

中餐宴席一般选用木制圆台。圆台常用直径为 160 厘米、180 厘米、200 厘米、220 厘米等规格的圆桌面。宴席组织者可根据用餐人数的多少、场地的大小等，选择合适的餐台进行摆台。

2. 铺台布、下转盘

在铺台布前要对所用的台布进行检查，看是否清洁，有无破损。铺台布分站位、抖台布、撒铺台布及台布落台定位四步。待台布铺好后，在餐台中间摆上转盘底座和转盘，使餐台圆心与转盘圆心重合。

3. 围餐椅

从主人位开始围餐椅。每把餐椅之间间距相等，并正对餐位。餐椅的前端与桌边平行，注意下垂的台布不可盖于椅面上。

4. 摆放餐具

我国南北两地摆放餐具的方法不尽相同，但都是先摆放骨碟、筷子、筷架、汤勺等小件餐具，再摆放水杯、色酒杯、白酒杯等饮具，最后是餐巾的摆放。

5. 摆放公用餐具

公共餐用具的摆放包括公用筷子、公用汤勺等公用餐具的摆放和牙签、烟灰缸、菜单、台号等公用用具的摆放。每件物品的摆放都有一定的讲究。

6. 美化餐台

全部餐具、用具摆好后，再次整理，检查台面，调整座椅，最后在餐桌中心摆上装饰物品，如花瓶、花篮等。

西餐宴席由于用餐方式、使用餐用具等方面与中餐宴席的不同，故在摆台上与中餐宴席有明显的区别。西餐宴席摆台的基本要领是：展示盘或叠好的餐巾摆放于餐位正中，左叉右刀，刀刃向左。餐具与菜肴相配，根据食用菜肴的先后顺序，从里至外依次码放。同时，由于用餐方式的不同，西餐宴席餐具的摆放在各国各地都有所不同，摆台时应因人而异。

任务三

宴席台形设计

宴席台形设计是指将宴席所用的餐桌根据主办人的要求、餐厅的形状以及就餐的人数等排列而成的各种格局。其总体要求是：突出主台，主台应置于显著的位置；餐台的排列应整齐有序、间隔适当，形成一定的几何图形，既方便来宾就餐，又便于席间服务；留出主行道，便于主要宾客入座。宴席类型不同，台形设计也有一定的区别。

一、中餐宴席台形设计

（一）小型宴席台形设计（1～10 桌）

1. 一桌宴席台形设计

餐桌应置于宴会厅的中央位置，宴会厅的屋顶灯对准桌心。

2. 二桌宴席台形设计

餐桌应根据厅房的形状及门的方位而定，分布成横一字形或竖一字形，第一桌在厅堂的正面上位，如图 6-1 所示。

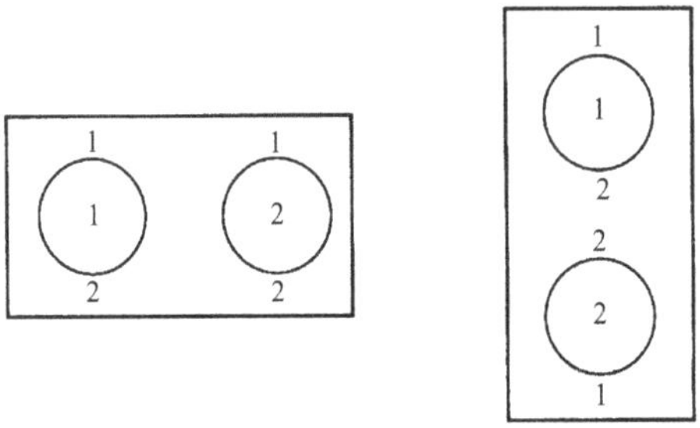

图 6-1　二桌宴席台形设计

3. 三桌宴席台形设计

如果厅堂是正方形的，可将餐桌摆放成品字形；如果厅堂是长方形的，可将餐桌安排成一字形，如图 6-2 所示。

4. 四桌宴席台形设计

如果厅堂是正方形的，可将餐桌摆放成正方形；如果是长方形的，可将餐桌摆图 6-2 三桌宴席台形设计放成菱形，如图 6-3 所示。

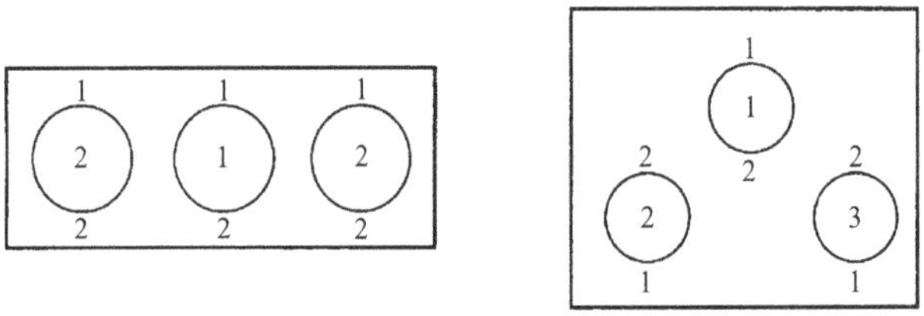

图 6-2　三桌宴席台形设计

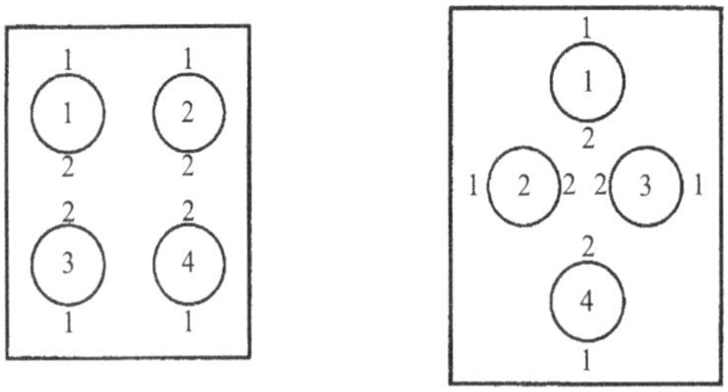

图 6-3　四桌宴席台形设计

5. 五桌宴席台形设计

如果厅堂是正方形的，可在厅中心摆一桌，四角方向各摆一桌；也可以摆成梅花瓣形。如果厅堂是长方形的，可将第一桌放于厅房的正上方，其余四桌摆成正方形，如图 6-4 所示。

6. 六桌宴席台形设计

正方形厅堂可将餐桌摆放成梅花瓣形，长方形厅堂可将餐桌摆放成菱形、长方形或三角形，如图 6-5 所示。

7. 七桌宴席台形设计

正方形厅堂可将餐桌摆放成六瓣花形，即中心一桌，周围摆六桌；长方形厅堂可将餐桌摆放成一桌在正上方，六桌在下，呈竖长方形，如图 6-6 所示。

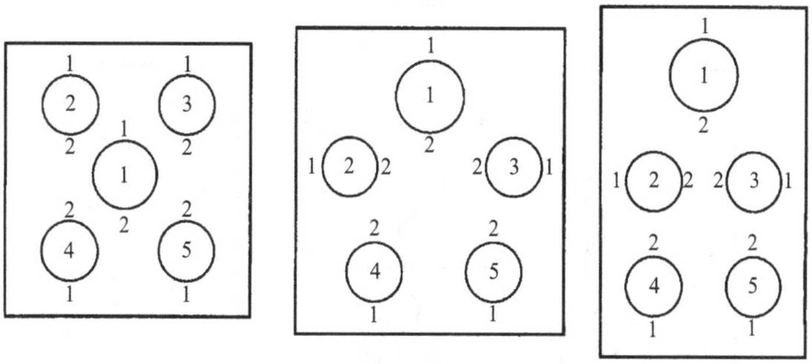

图 6-4　五桌宴席台形设计

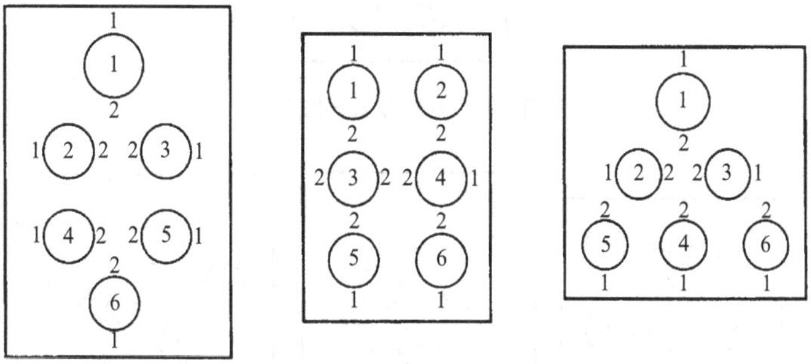

图 6-5　六桌宴席台形设计

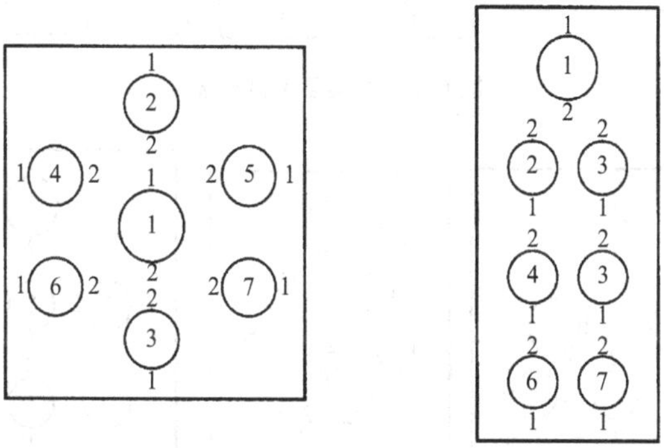

图 6-6　七桌宴席台形设计

8. 八桌至十桌宴席台形设计

将主桌摆放在厅堂正面上位或居中摆放，其余各桌按顺序排列，或横或竖，或双排或三排，如图 6-7、图 6-8、图 6-9 所示。

（二）中型宴席台形设计（11～20 桌）

中型宴席台形设计，可参考九桌、十桌宴席的台形设计。如宴会厅够大，也可将餐桌摆设成别具一格的图案。中型宴席无论将餐桌摆成哪一种形状，均应注意突出主桌。主桌由一主两副组成，即摆三桌，一主宾桌与两副主宾桌。中型以上宴席均应在主桌的后侧设讲话台和麦克风。中型宴席台形设计如图 6-10 所示。

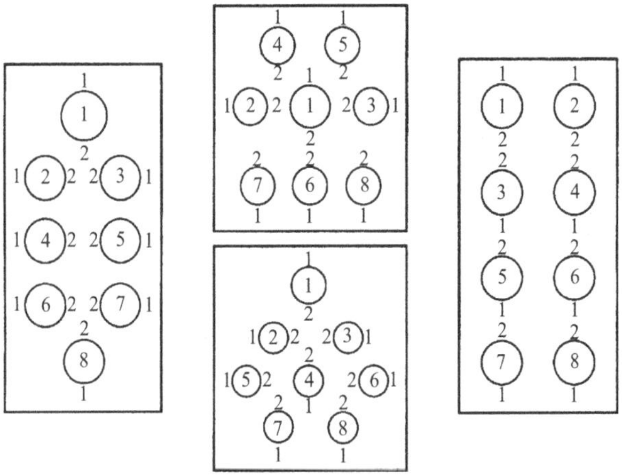

图 6-7　八桌宴席台形设计

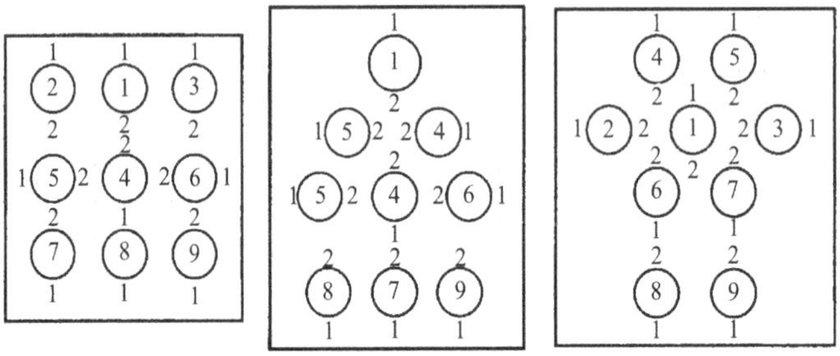

图 6-8　九桌宴席台形设计

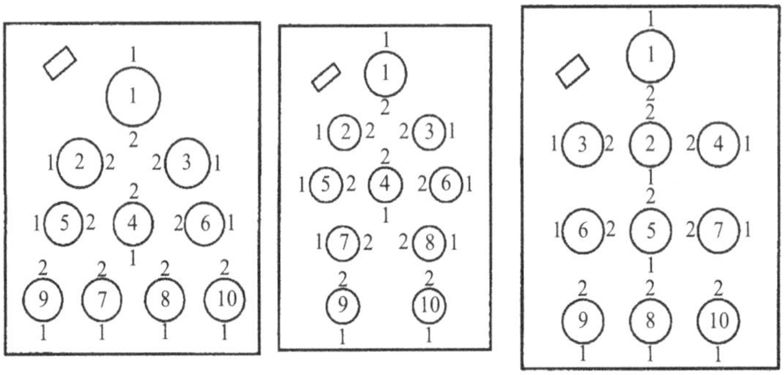

图 6-9　十桌宴席台形设计

（三）大型宴席的台形设计（21 桌以上）

大型宴席由于人多、桌多，投入的服务力量也大，为指挥方便，行动统一，应视宴席的规模将宴会厅分成主宾席区和来宾席区等若干服务区。

主宾席区，一般设五桌，即一主四副。主宾餐桌位要突出于副主宾餐桌位，同时台面要略大于其他餐桌；来宾席区，视宴席规模的大小可分为来宾一区、来宾二区、来宾三区等。大型宴席的主宾区与来宾区之间应留有一条较宽的通道，其宽度应大于一般来宾席桌间的距离，如

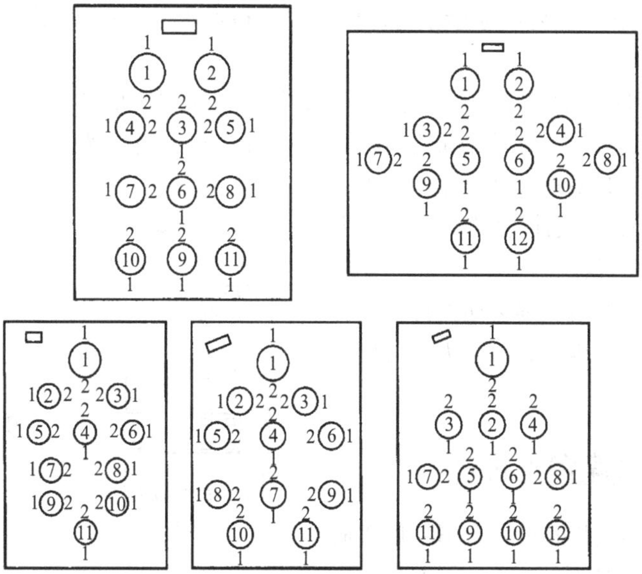

图 6-10　中型宴席台形设计

条件许可至少不少于 2 米，以便宾主出入席间通行方便。

大型宴席要设立与宴席规模相协调的讲台。如有乐队伴奏，可将乐队安排在主宾席的两侧或主宾席对面的宴席区外围。大型宴席台形设计如图 6-11 所示。

图 6-11　大型宴席台形设计

（四）台形设计的注意事项

中餐宴席大多数用圆台，餐桌的排列特别强调主桌的位置。主桌应放在面向餐厅主门，能够纵观全厅的位置。将主宾入席和退席要经过的通道辟为主行道，主行道应比其他行道宽敞突出。其他餐台坐椅的摆法、背向要以主桌为准。

中餐宴席不仅强调突出主桌的位置，还十分注意对主桌进行装饰，主桌的台布、餐椅、餐具、花草等应与其他餐桌有所区别。

要有针对性地选择台面。一般直径为 150 厘米的圆桌，每桌可坐 8 人；直径为 180 厘米的圆桌，每桌可坐 10 人；直径为 200 ~ 220 厘米的圆桌，可坐 12 ~ 14 人；如主桌人数较多，可安放特大圆台，每桌坐 20 人左右。直径超过 180 厘米的圆台，应安放转台；不宜放转台的特大圆台，可在桌中间铺设鲜花。

摆餐椅时要留出服务员分菜位，其他餐位距离相等。若设服务台分菜，应在第一主宾右边、第一与第二客人之间留出上菜位。

重要宴席或高级宴席要设分菜服务台。一切分菜服务都在服务台上进行，然后分送给客人。服务台摆设的距离要适当，便于服务员操作，一般放在宴会厅四周。

大型宴席除了主桌外，所有桌子都应编号。客人可从座位图知道自己桌子的号码和位置。

座位图应在宴会前画好，宴席的组织者按照宴会图来检查宴会的安排情况和划分服务员的工作区域。

台形排列根据餐厅的形状和大小及赴宴人数的多少来安排，桌与桌之间的距离以方便穿行上菜、斟酒、换盘为宜。一般桌与桌之间的距离不小于 1.5 米，餐桌距墙的距离不小于 1.2 米。

大型宴席设计时要根据宴会厅的大小及主人的要求进行设计，设计要新颖、美观、大方，并应强调会场气氛。

合理使用宴会场地。宴会如安排文艺演出或乐队演奏，在安排餐桌时应为之留出一定的场地。

二、西餐宴席台形设计

西餐宴席一般使用长台。台形一般摆成一字形、马蹄形、U 形、T 形、正方形、鱼骨形、星形、梳子形等。宴会采用何种台形，要根据参加宴会的人数、餐厅的形状以及主办单位的要求来决定。餐台由长台拼合而成，餐椅之间的距离不得少于 20 厘米，餐台两边的餐椅应对称摆放。

（1）一字形台和豪华型台一般设在餐厅的中央位置，与餐厅两侧的距离大致相等，餐台的两端留有充分余地，便于服务员工作。

（2）U 形台横向长度应比竖向长度短一些。

（3）E 形台的三个翼长度一致，竖向要长于横向。

（4）正方形台，一般为中空，显得开阔疏朗。

西餐宴席台形设计如图 6-12 所示。

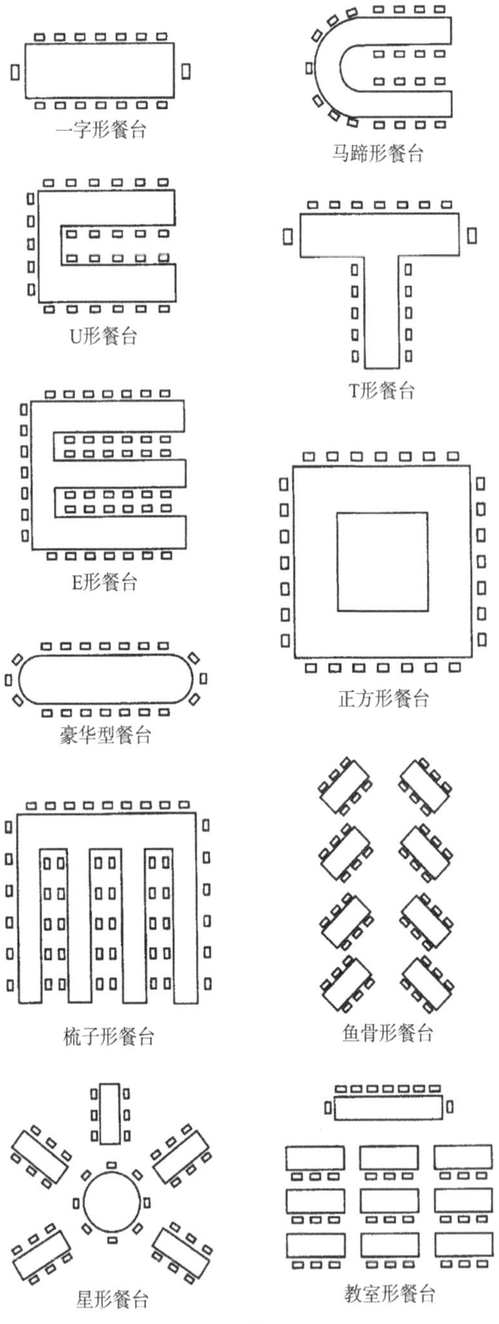

图 6-12　西餐宴席台形设计

三、自助餐宴席台形设计

1. 冷餐会台形设计

冷餐会的餐桌应保证足够的空间以便布置菜肴。按照人们用正常的步幅，每走一步就能够挑选一种菜肴的情况，应考虑所供应菜肴的种类与规定时间内服务客人人数之间的比例问题，否则进度缓慢会造成客人排队或坐在自己的位子上等候。

餐桌可以摆成V形、U形、L形、C形、S形、Z形及四分之一圆形、椭圆形。另外，为了避免拥挤，便于供应烤牛肉等主菜，可以摆设独立的供应摊位。冷餐会的台形设计如图6-13所示。

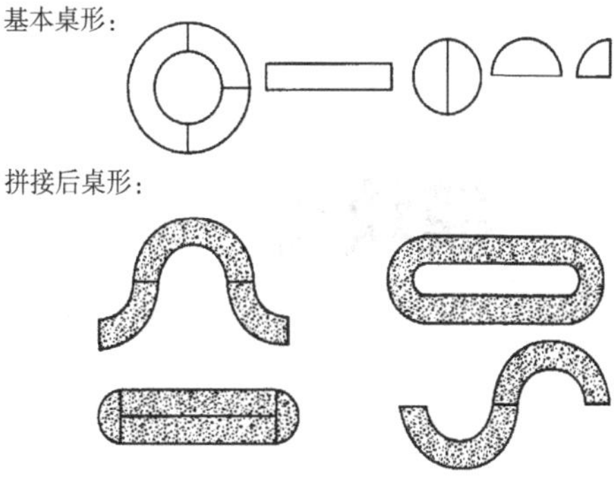

图6-13　冷餐会台形设计

2. 鸡尾酒会台形设计

鸡尾酒会的布局应有较大的空间，以便客人走动、交谈。鸡尾酒会一般不设座位，只在会场的四周摆放少量的座椅，供需要者使用。酒吧作为重点布局项目，摆设要美观，酒水要丰盛。其数量、位置要求与来宾的人数、会场的场地相适应，并且要考虑方便来宾点、取鸡尾酒以及服务员为客人送饮料。50人以上的酒会一般设立两个鸡尾酒服务台，食品摆放采用自助餐形式。另外，还在会场内设立数量适当的小型餐桌，供参加酒会的来宾站立饮酒、用餐时使用。

复习思考题

1. 宴席场景设计有哪些主要步骤？
2. 宴席台面按照餐饮风格、台面用途归类分别有哪些类型？
3. 宴席台面设计有哪些基本要求？
4. 中式宴席台形设计应注意哪些问题？
5. 冷餐会台形设计有何要求？

模块七

零点菜单与菜品设计

学习目标

- 了解零点菜单的种类与特点
- 掌握零点菜单与菜品的设计要求和方法
- 懂得零点菜肴制作的注意事项

零点菜单又称点菜菜单，就是将多种菜肴名称依照原料的种类或菜肴的类型等，组合成具有一定数量和品种的菜单。

零点菜单在餐饮企业中是最常见、使用最广泛，也比较灵活的菜单，它既可以服务零散客人，也可服务于人数不多的团体客人。由于零点菜单每道菜肴按例或大、中、小份明码标价，顾客可根据自己的喜好及消费水平自由地选择菜品，所以，是顾客就餐的必用之物。

任务一 零点菜单的种类与特点

零点菜单种类很多，其特点比较明显，它既是餐饮企业与顾客联系的纽带，又是反映餐饮企业经营特色及衡量等级水平的标志。所以，我们要认真分析、研究零点菜单在设计与制作中的一般规律，了解分类方法，掌握其特点。

一、零点菜单的种类

（一）从菜单的表现形式来区别

一般可分为常用菜单、非常用菜单两种。

1. 常用菜单

又称不变菜单、基本菜单等。这类菜单中的菜肴相对稳定，一年四季不大变动，主要是由餐饮企业的一些特色菜、品牌菜及顾客喜欢点食的菜肴组成。在制作过程中都严格按照每个菜肴的规格、程序、标准制作，菜肴的质量比较稳定，顾客比较认可，通常不会轻易改变制作方法，这不仅可以突出餐饮企业的经营特色和风味特点，而且有利于菜肴在制作过程中的管理和成本控制。常用菜单的不足之处是菜肴缺少变化，如不适时加以调整或补充一些菜肴，很难长期吸引老顾客来餐厅消费。

2. 非常用菜单

又称临时菜单、补充菜单、插页菜单等。这类菜单出现的形式比较多，有的以季节的不同，推出春、夏、秋、冬四季的菜单，主要突出四季不同的原料，并根据人们四季的不同品味和爱好，制作出不同的美味佳肴，满足客人“物鲜为贵”的饮食需求；有的以地方风味的不同制作出上海菜、杭州菜、湖南菜等菜肴，主要突出各地在选料、加工、调味等方面的特色；有的以节气不同制作出元宵、端午、中秋等节令菜单，主要突出不同节日的风俗习惯；有的以某一厨师的技术擅长推出一些特选菜品、品牌菜菜单，主要突出餐饮企业中的技术力量；有的以某一种盛器或烹调方法为特点，推出砂锅、煲锅、铁板、辣子、剁椒、盐焗、纸包等系列菜单，主要突出餐饮企业中的特色菜等。非常用菜单的优点是变化快，可以弥补常用菜单的不足，既给顾客一种常吃常新的感觉，不断吸引顾客消费，又能促使厨师不断创新，提高餐饮企业的经济效益和经营水平；不足之处是菜肴质量的稳定性欠佳。

（二）从菜单的用途来区别

一般可分餐厅内菜单、餐厅外菜单两种。

1. 餐厅内菜单

指在各种餐厅内供顾客所用的零点菜单，这类菜单的内容较多。普通菜单，主要是满足一般顾客的饮食需求而设计的菜单，这类菜肴品种多，价格分高、中、低三个档次，可以满足不同人群、不同层次、不同饮食习惯的顾客的要求。还有一种是特殊菜单，如儿童菜单、老年人菜单、糖尿病人菜单、高血压人菜单、药膳菜单、保健菜单等，这类菜单主要是为满足一些特殊人群的饮食需求而设计的，其菜单中的菜肴讲究营养，讲究生理功效，讲究科学膳食。

2. 餐厅外菜单

指超出餐厅范围所用的零点菜单，这类菜单根据客人的特殊需求而设计，如房内用餐菜单、夏季广场风味小吃菜单、外卖菜单等。这类菜单主要根据客人和经营的需要，满足一些因各种原因不愿或不能进入餐厅用餐的人群的需要，其菜肴品种不是太多，制作不太复杂，有利于烹调，有利于客人用餐，有利于服务员服务。

（三）从菜单的餐别来区别

一般可分早餐零点菜单、正餐零点菜单、夜宵零点菜单三种。

1. 早餐零点菜单

可分中式早餐菜单、西式早餐菜单、中西合璧菜单等，共同的特点是菜品不太多，制作简便快捷，清洁卫生，所以，最常见的中式早餐零点菜单主要有粥类、点心类、冷菜（小菜）及饮料类等。

2. 正餐零点菜单

主要指用于午餐、晚餐的零点菜单。有的餐饮企业所用的菜单不分午餐、晚餐，两者基本一样或相似。这类菜单主要根据中国人的生活、饮食习惯设计，设计比较讲究，品种比较齐全，菜品比较多，价格档次区别比较明显，可适合不同消费群的需求。

3. 夜宵零点菜单

主要指为深夜需用餐的客人提供的点菜单。随着都市经济的发展，人们夜生活的丰富多彩，深夜需要用餐的人越来越多。餐饮企业为了增加营业收入，满足这部分消费人群的需求，精心设计夜宵零点。这类菜品主要以风味小吃为主，设计时应考虑各类菜品的比例关系及每个菜的数量、价格等因素。

二、零点菜单的特点

零点菜单与团体套餐、各种宴席菜单相比，无论在设计的内容、方法上，还是在制作过程上，都有着根本的区别，具有适应面广、批量较少、品种较多、风味突出、价格较贵等特点。

1. 适应面广

零点菜品不是针对某一群体或某一地区设计，而是面向四面八方的顾客设计的，所以，在设计中要考虑菜单中的菜肴能适合各种人群的口味、爱好、消费水平等。如北方人口味偏咸，南方人口味偏甜，四川人、湖南人喜食麻辣菜肴，江苏人、浙江人喜食甜味菜肴；外国人爱吃煎、烤、炸等无骨的菜肴，中国人喜食炒、爆、炖、焖、煨、蒸的菜肴；沿海地区喜食海鲜、水产制品，中西部地区喜食牛肉、羊肉等。因而零点菜品要求品种多，使客人根据自己的爱好有选择菜肴的余地，同时还要充分考虑菜肴所使用的原料，烹调方法，菜肴的质地、颜色等都要搭配均衡合理，每类菜品的价格要体现高、中、低的比例搭配，以适应不同消费层次的饮食需求。

2. 批量较少

凡是零点菜单所设计的菜肴，厨房必须都要做好充分的准备，保证供应。但零点餐厅客源每天都不同，各人的需求又不一样，很难判断零点菜单中所供应的菜肴每天需要用多少量。有的菜品点的人多一些，有的菜品点的人很少或没有人点，所以，厨师在准备各类菜品时都不宜准备的太多，但也不能无准备。要根据零点餐厅每天经营的情况，认真进行分析，作出一定的判断，分类别、分菜肴来控制供应量，防止准备过多而多日用不完，造成原料不新鲜，而影响客人的消费，甚至发生食物中毒，造成不可挽回的影响。所以，零点菜品与团体菜品相比，每个菜肴的准备批量要少，加工要精细，保管要科学，以保质保量地做好菜肴的供应工作。

3. 品种较多

因零点菜单是面向世界各地的顾客所设计，为了满足众多客人的要求，菜单中的类型要多，各类菜品必须要有一定的数量，如中式零点菜单，有冷菜类、海鲜类、畜肉类、禽蛋类、蔬菜类、甜品类、主食类、汤类等。根据这些类别，每一类均安排一定数量的菜肴，要求各菜肴烹调方法及菜肴的色、香、味、形均不一样，使顾客在众多的菜品中能挑选出自己喜爱的菜肴。有些餐饮企业为了满足顾客求新、求变的饮食心理，往往在常用的固定零点菜单中，根据季节的变化及餐饮的发展趋势，不定时地增加一些时令菜、特选菜、特色菜来弥补固定菜单的不足。

4. 风味突出

设计零点菜单必须根据餐厅的风格、档次及厨师的技术力量等条件，来确定内容，尤其在餐饮市场竞争十分激烈，人们的消费意识日益成熟的今天，零点菜单菜品不能过于“大众化”、“固定化”，一年四季都是老品种。尽管零点菜单要求菜品较多，但并不是把各地的菜肴七拼八凑地组合在一起，而是要突出风味个性，菜肴既要与时俱进又要主题突出，特色明显，例如：川菜餐厅，从餐厅的装潢、格调、台布的花样，零点菜单列出的菜肴等都要有川菜的风格，是川菜系列菜品，每个菜肴从原料的运用、调味的方法、烹调的手段、装盘的风格，都要突出川菜特色，使顾客一进餐厅就领略到川菜的风味。

5. 价格较贵

零点菜单因品种多，每个菜肴的销售量少，大多数菜肴不可能大批量地生产。有的菜肴预先作了加工，作了切配的准备，但由于客人很少点菜，几天后超过保质期，而造成浪费；有的菜肴现点现制，为了一份菜肴，都要按制作的程序，烹调方法的有关标准进行操作，在加工、调味的过程中造成一定的浪费，有的菜肴因生产的批量小，加工精细，而造成的浪费是可想而知，由于零点菜单中每一份菜肴的成本率相对要比套餐菜肴和团体菜肴高，餐饮企业为了保证菜肴一定的利润率，所以零点菜单中的菜肴价格相对要高于套餐菜肴和团体菜肴的价格。

任务二 零点菜单的设计要求与方法

设计零点菜单时，必须根据各种零点菜单的用途与特点，设计出最佳的菜单，具体要明确设计要求，注重设计方法。

一、零点菜单的设计要求

1. 明确经营风味

在设计零点菜单内容时，首先要确定经营菜肴的风味。因此，要根据本地区、本企业餐饮经营的特点，选定一两种风味菜肴，形成有独特风味的零点菜单。这不但有特色，而且有一定的竞争力。在设计零点菜单时，千万不能照抄照搬别人的菜单或把多种菜系的菜肴拼凑在一起，形成大杂烩菜单，这种没有特色的菜单自然不能吸引更多的顾客来餐厅消费。

2. 明确菜单用途

我们在设计零点菜单时，要了解菜单用于何处，是用于粤菜馆，还是鲁菜馆等；要根据各餐厅的风格，设计出相应的风味菜单；还要了解菜单用于何种餐别。用于早餐的菜单，要以粥类、点心类、冷菜（小菜）等内容为主；用于午、晚餐的菜单，要以冷菜、热菜为主，再安排一些汤羹类、面食类、甜品类等菜肴；用于客房内用餐的菜单，安排的菜品不宜太多，要便于烹调，便于服务等。

3. 明确消费对象

在设计零点菜单过程中，要根据餐厅装潢的档次、风格、服务水平等条件，来定位顾客的消费层次。比如一个三星级饭店的零点餐厅，对历年来接待的对象进行分析研究，了解到来餐厅消费的人群中，高、中、低消费的比例是：高消费的人群占 20%～30%，中档次消费的人群占 50%～60%，低消费的人群占 20%～30%，那么在设计菜单内容时，根据这一比例，就可以制定出高、中、低档的菜品来满足不同消费对象的饮食需求。

4. 明确菜肴数量

零点菜单中菜肴数量的多少要依据饭店规模的大小和技术力量的强弱确定，菜肴数量列举太多会使客人在点菜时无所适从，有的客人不会花费很多的时间用来点菜，否则，反而影响客人就餐情绪，同时也增加厨师和服务人员的工作量，在人手不足的情况下，因准备工作不充分，容易出现缺售菜肴的现象，工作质量自然会下降，反而事倍功半。如菜肴数量列举太少，客人挑选菜肴的余地就少，无法满足不同层次的消费群的饮食需求。所以，我们要认真分析各种客观因素，根据餐厅的规模及工作人员的数量，设计出与客观条件相适应的菜肴数量。一般零点菜单的数量控制在 80 ~ 120 种为宜，随着市场和季节的变化，有些菜肴可长期供应，有些菜肴可删去，还可以根据不同的季节、不同的节日、不同的主题，随时增加一些特色菜、特选菜、时令菜等来弥补零点菜单菜肴数量不够的缺陷，目的是吸引更多的食客来就餐和调换食客的口味。

5. 明确菜肴盛器

零点菜单在设计每一份菜肴所需原料的重量时，往往要了解各种盛器的形状和大小，因为零点菜单通常按照盛器的大、中、小来设定菜肴的多少。如一份“鱼香肉丝”，用大盘装，需要 200 克肉丝，可供 7 ~ 10 人用餐；用中盘装，需要 150 克肉丝，可供 4 ~ 6 人用餐；用小盘装，需要 100 克肉丝，可供 1 ~ 3 人用餐。如在设计中对盛器不太了解，小盘装上大份菜，显得过于臃肿，大盘装上小份菜，显得数量不够。

6. 明确菜肴成本

零点菜品的成本核算相当重要，不但要计算出每一盘菜肴的主料、配料、调料等的成本，还要了解制作零点菜肴所支出的费用。为了计算正确，在核算时不能凭经验、大约估计等方法来核算成本，而是应该对每盘菜肴所需要的原料逐一核算，掌握每一原料在加工时的出净率、损耗率是多少，每一份菜肴需要多少净料，还要了解各种原料的市场价格，这样才能正确计算出每盘菜肴的成本费用。根据这一费用就可以计算出每盘菜肴的售价。售价的计算公式是：售价：菜肴的原料成本 ÷（1- 销售毛利率）。所以决定零点菜肴的销售毛利率很重要，销售毛利率越高，售价就越高。但零点菜肴中并不是每一盘菜肴的毛利率都是一样的，而是应根据菜肴的结构决定毛利率，如一些大众菜肴的销售毛利率应低一些；特选菜、特色菜销售毛利率可高一些；高档、较贵的原料因成本太高，销售毛利率可低一些；品牌菜销售毛利率可高一些。但零点菜肴总的销售毛利率不得低于饭店预先设定的比率。总之，每一盘菜的毛利率的确定应以有利于促销、有利于经营、有利于盈利为目标。

7. 明确内容编排

零点菜单内容的编排是有一定原则的，即应根据菜单的式样，如单页菜单、对折菜单、三折菜单、多页菜单等，来确定哪些菜排在重点位置，哪些菜排在次要位置，要根据人们阅读菜单的习惯和心理，结合餐饮企业推销菜肴的重点，精心设计，精心编排，从而达到促销的目的。

在产品类型的排序上，因菜系、地区的不同，排法也不一样。通常的排序是：冷盘类、海鲜类、水产类、肉类、家禽类、蔬菜类、主食类、汤类、甜品类等。但粤菜的排序要特殊一些，主要是：卤水烧味类，燕、鲍、参、翅、肚类，海鲜类、畜肉类、家禽类、煲仔类、蔬菜类、汤羹类、点心类，粥、粉、面、饭类等。其规律是一般把山珍海味及较贵重的、有特色的菜肴排列在前面或重点位置上。近几年来，随着餐饮企业不断的改革、创新，许多餐饮企业在零点菜单的产品类型的排序上更加人性化、个性化，尤其对一些山珍海味、鲜活原料等热菜，在菜单上只标明单价，其每份菜肴数量的多少、采用什么烹调方法制成、做什么口味均由顾客说了算。这种做法深受顾客的欢迎。

另外，零点菜单中产品类型及菜肴、数量之间的比例关系也要恰当，要根据顾客的消费心理及规律，进行科学的设计。一般来讲，冷菜类、热菜类、面点类、汤类之间的比例关系是：1∶4∶1∶0.7。但这不是绝对的，而是要根据各地区、各菜系、各地人们的饮食习惯加以调整，使各类菜肴比例更加趋向合理。

二、零点菜单的设计方法

零点菜单由于种类繁多，形式多样，用途不一，很难面面俱到把每一种设计方法都加以介绍，在此，我们仅介绍最常见的几种零点菜单的设计方法。

（一）中式早餐零点菜单的设计

1. 中式早餐零点菜单的内容

一般分为冷菜（小菜）类、点心类、粥类、面条类、饮料类等。

（1）冷菜（小菜）类。一般安排 10 ~ 15 种为宜，如酱菜、咸鸭蛋、茶叶蛋、泡菜、酸菜、开洋拌芹菜、香肠等。这些菜不油腻，开胃口，易下饭。

（2）点心类。一般安排 8 ~ 12 种为宜，通常有包子、馒头、饺子、油条、麻球、花卷、拉糕、烙饼等。有的餐厅还提供一些乡土食品，如南瓜、烤山芋、煮玉米等。

（3）粥类。一般安排 3 ~ 5 种，如大米粥、小米粥、红豆粥、绿豆粥、皮蛋粥、鸡蛋粥、菜粥等。

（4）面条类。一般安排 3 ~ 4 种，如牛肉面、雪菜肉丝面、三鲜面、什锦炒面等，有的餐厅还提供各种云吞等。

（5）饮料类。主要是各种茶、牛奶、豆浆及各种果汁等。

随着中外交流越来越多，许多餐厅为了满足各方客人的早餐需求，零点早餐还提供一些热菜，如蘑菇炒鸡蛋、煎鸡蛋、豉椒煎肉排、凤爪、虾酱鲜鱿鱼等菜肴，粤菜早茶的各种菜点更是丰富多彩。

2. 中式早餐零点菜单设计中的注意事项

在设计中式早餐零点菜单时，在认真分析主要客源的生活习惯与饮食习惯的基础上，一般应注意如下几点：

（1）菜品要求清爽，不宜太油腻。一般中国人早餐不喜欢吃口味太浓、油太多的菜肴。喜欢吃一些油少、清淡的菜肴和点心。

（2）菜品的种类与数量不宜太多。绝大部分顾客用完早餐后，都急于上班或办事、旅游等，所以他们不愿意用很多的时间慢慢品尝菜肴，这要求菜品要简单，服务要迅速快捷。

（3）菜品的价格不宜太贵。早餐的各种菜品定价不能太高，又要简单，便于结算，做到价廉物美。因为大多数顾客不愿意在早餐上花很多的钱来餐厅消费。

3. 中式早餐零点菜单实例

某餐厅中式早餐零点菜单：

冷菜（小菜）类

什锦酱菜	3.00	咸鸭蛋	7.00
盐水花生	7.00	朝鲜泡菜	8.00
开洋荠菜	8.00	腌菜千张	8.00
五香茶叶蛋	6.00	红油鱼片	15.00
麻辣牛肉	15.00	葱油海蜇	18.00

点心类

油条	6.00	芝麻汤圆	8.00
萝卜丝酥饼	8.00	素菜包子	8.00
花卷	6.00	豆沙包子	8.00
猪肉包子	10.00	枣泥拉糕	8.00
蒸饺	10.00	小笼汤包	12.00
纯粉虾饺	15.00	三丁包子	15.00

粥　类

大米粥	2.00	小米粥	3.00
皮蛋粥	4.00	红豆粥	4.00
牛肉粥	6.00		

面条类

牛肉面	15.00	雪菜肉丝面	15.00
虾仁面	18.00	三鲜面	15.00
虾肉云吞	15.00		

饮料（含水果）类

绿茶	10.00	红茶	12.00
牛奶	12.00	橙汁	12.00
三色水果	15.00		

（二）中式正餐（午、晚餐）零点菜单的设计

1. 中式正餐（午、晚餐）零点菜单的内容

中式正餐零点菜单的类别多种多样，菜品十分丰富，设计内容与菜肴的风味、餐厅的档次、原料的供应等因素有很大的关联，有的菜单内容按人们就餐的习惯顺序来设计，如冷菜类、热炒类、大菜类、汤羹类、点心类、主食类、甜品类、瓜果类等；有的菜单按原料的种类来设计，如水产类、畜肉类、禽蛋类、蔬菜类、瓜果类等；但大多数餐厅为了方便顾客点菜，往往根据人们的消费习惯来设计，如冷菜类、海味类、河鲜类、畜肉类、禽蛋类、蔬菜类、汤羹类、主食（点心）类、瓜果类，以及预订菜等。

（1）冷菜类。中式正餐的冷菜一般安排15种左右，要求原料有荤有素，烹调方法多种多样，口味、质地也有很大差异，菜品要干爽香嫩、无汤少汁，便于作下酒的菜肴。

（2）海味类。根据饭店的档次一般安排6～15种，选用的原料有鲍鱼、鱼翅、干贝、海参、大龙虾、各种海虾、鱼类等。

（3）河鲜类。一般根据本地区产品的丰富程度，安排 10 ~ 20 种，主要选用淡水产品中的各种鱼类、虾类、贝壳类等原料制成。

（4）畜肉类。一般根据顾客喜爱程度安排 10 ~ 15 种，主要选用猪肉、牛肉、羊肉等制成。

（5）禽蛋类。可根据饭店的档次安排 5 ~ 10 种，主要选用鸡、鸭、鹅、鹌鹑、鸽子及禽蛋等制成。

（6）蔬菜类。随着人民的保健意识的增强，蔬菜类的菜品可安排 10 ~ 15 种，主要选用叶菜类、根茎类、豆制品等制成。

（7）汤羹类。一般安排 10 种，汤汁要求浓而少油、清淡、利口、色泽鲜艳等。

（8）主食（点心）类。一般安排 10 ~ 15 种，有各种米饭、水饺、包子等。

（9）甜品类。一般安排 3 ~ 5 种，有甜汤、甜食、冰激凌等品种。

（10）瓜果类。一般安排 3 ~ 5 种，由各种水果、瓜类组成，也可由多种瓜果组成三色拼、四色拼的拼盘供顾客点菜用。

（11）预订菜。对一些名贵的菜肴或是加工烹调时间比较长的菜肴，要求顾客提前预订，便于厨师精心加工、烹调，保证供应。一般安排 3 ~ 5 个品种为宜。

2. 中式正餐零点菜单设计中的注意事项

要根据本企业规模、档次、就餐者的消费水平等因素精心设计，一般应注意如下几点：

（1）菜品的数量要与餐厅的规模相适应。规模较大的餐厅的类型和品种可多一些，一般控制在 120 ~ 180 个菜品为宜；规模相对小一些的餐厅，一般控制在 60 ~ 100 个菜品为好。菜品太多或太少都会影响顾客的消费。

（2）菜品的档次要与餐厅的档次相适应。在一个档次较低的餐厅，设计菜品档次相应要低一些，如设计很高档的菜肴，可能无人问津，因为人们不愿意花很多的钱在一个档次较低的餐厅消费。档次较高的餐厅，设计菜品的档次相应要高一些，否则很难满足一些高消费人群的消费要求。

（3）菜品的分量与顾客的需求相适应。零点菜单一般 1 人或几人在一起用餐，所以每一个菜的分量最好可分大、中、小三个档次为好，人少可选用小份，人多可选用大份。

（4）菜肴的品种要以饭店常用菜、特色菜为基础。以常用菜、特色菜品为主，但必须保证供应，如增加新品种，以时令菜、节令菜、特选菜等形式加以补充，从而使菜单达到常变常新的要求。

3. 中式正餐零点菜单设计实例

某四星级饭店中式正餐零点菜单（江苏风味为主）

冷菜类

	小	中	大
白斩鸡	15.00	30.00	45.00
盐水鸭	18.00	36.00	54.00
五香牛肉	20.00	40.00	60.00
拌双脆	25.00	50.00	75.00
糖醋时蔬	10.00	20.00	30.00

卤冬菇	20.00	40.00	60.00
皮蛋拌豆腐	15.00	30.00	45.00
双黄腐皮	16.00	32.00	48.00
三色拼盘	30.00		
四色小碟	80.00		
八色小碟	160.00		
海味类			
	小	中	大
鱼翅捞饭	320.00		
菜胆扒鲍脯	380.00		
香炸虾球	40.00	80.00	120.00
虾子海参	120.00	240.00	360.00
锅贴干贝	80.00	160.00	240.00
鸡粥鲍翅	120.00	240.00	360.00
双味大虾	260.00/ 斤		
清蒸黄鱼	120.00/ 斤		
豆豉鲳鱼	80.00/ 斤		
河鲜类			
	小	中	大
清炒虾仁	40.00	80.00	120.00
虾仁炒蛋	38.00	70.00	110.00
炒软兜	38.00	70.00	110.00
香炸银鱼排	48.00	90.00	150.00
脆皮鱼条	50.00	100.00	150.00
豉汁蒸鲩鱼	30.00	60.00	110.00
葱油鲜鱼	28.00	55.00	110.00
红烧划水	28.00	55.00	110.00
糖醋鳜鱼	58.00	110.00	170.00
生炒甲鱼	30.00	60.00	90.00
畜肉类			
	小	中	大
无锡排骨	28.00	50.00	75.00
黑椒牛柳	38.00	75.00	110.00
冬笋肉丝	28.00	50.00	75.00
冰糖扒蹄	18.00	36.00	48.00
清炖狮子头	18.00	36.00	48.00
椒盐排骨	15.00	30.00	45.00

砂锅羊肉	20.00	40.00	60.00
香酥羊肉	18.00	36.00	54.00

禽蛋类

	小	中	大
八宝鸡翅	18.00	36.00	54.00
酱爆鸡丁	30.00	60.00	90.00
香酥鸭子	38.00	76.00	115.00
西芹烧鸭片	38.00	76.00	115.00
金陵乳鸽	18.00	36.00	48.00
双冬鹌鹑	18.00	36.00	48.00
宫保鸡丁	30.00	60.00	90.00
海鲜蒸蛋	12.00	24.00	36.00

蔬菜类

	小	中	大
蘑菇时蔬	20.00	40.00	60.00
雪菜冬笋	18.00	36.00	48.00
肉末粉丝	16.00	32.00	48.00
两虾豆腐	30.00	60.00	90.00
红烧豆腐	20.00	40.00	60.00
冬菇面筋	20.00	40.00	60.00
椒盐土豆条	18.00	36.00	48.00
麻辣豆腐	20.00	40.00	60.00
清炒时蔬	18.00	36.00	48.00
开洋萝卜条	16.00	32.00	42.00

汤、羹类

	小	中	大
榨菜肉丝汤	18.00	36.00	48.00
木耳鱼圆汤	36.00	72.00	108.00
鸡蓉粟米羹	36.00	72.00	108.00
芙蓉烧鸭羹	36.00	70.00	108.00
干贝鱼蓉羹	40.00	80.00	120.00
素菜豆腐汤	20.00	40.00	60.00
酸菜鱼汤	30.00	60.00	90.00
酸辣汤	26.00	50.00	100.00
鸡火炖甲鱼	80.00	160.00	240.00
鸡汁菌菇汤	48.00	96.00	140.00

主食（点心）类

	小	中	大
什锦炒饭	28.00	56.00	90.00
海鲜焗饭	48.00	96.00	120.00
素三鲜炒面	28.00	56.00	80.00
鱼汤小刀面	12.00/ 碗		
豆沙春卷	10.00	20.00	30.00
素菜包子	4.00/ 两个		
豆沙包子	6.00/ 两个		
三丁包子	7.00/ 两个		
三鲜水饺	12.00	24.00	36.00
菜肉水饺	10.00	20.00	30.00

甜品类

八宝甜饭	10.00/ 碗
红枣泥	6.00/ 碗
冰糖银耳	10.00/ 碗
冰糖哈士蟆	60.00/ 碗

瓜果类

	小	中	大
三色水果拼盘	10.00	20.00	30.00
四色水果拼盘	12.00	24.00	36.00
什锦水果拼盘	15.00	45.00	60.00

预订菜

叉烧桂花鸭	100.00/ 只
什香煨鸡	80.00/ 只
酥皮海味	50.00/ 罐

（三）中式夜宵零点菜单的设计

1. 中式夜宵零点菜单的内容

中式夜宵零点菜单，在菜肴的品种上与中式早餐、正餐的零点菜单有一定的差别，其菜品由冷菜、热菜、粥品、面点等组成。夜宵菜点，要求每份数量不宜太多，价格不宜太高，易消化、多营养为好。其主要内容如下：

（1）冷菜：以烧、腊、卤等烹调方法为主，原料荤素兼有，口味多种，根据餐厅规模大小一般安排 10 个品种左右。

（2）热菜：以炒、烧、煮、炖、焖等烹调方法为主，菜品要求富有营养，易消化吸收，以滋补的调料或配料为好，菜品一般控制在 25 个品种左右。

（3）面点：一般以当地的风味小吃为好，各种点心形状不宜太大，每份的数量不宜太多，要小巧玲珑、精致美观。品种一般控制在 10 ~ 15 种。

（4）粥品：夜宵的粥品很有讲究，可以把几种原料放在一起加热，使其营养成分互补，提高原料的食用价值。粥品一般安排 5 ~ 8 种为好。

（5）瓜果类：一般安排 3 ~ 5 个品种。

2. 中式夜宵零点菜单设计中的注意事项

在设计中要根据用餐对象，认真研究菜品的质量、价格是否符合用餐者的需求，主要注意如下几点：

（1）要注意分析每天来就餐的人群。必须了解每天来餐厅消费的人群中，是青年人多，还是中老年人多，是来消遣的人多，还是为果腹的人多。青年人精力充沛，夜生活丰富，喜欢与恋人、同学、同事来餐厅消费，他们喜欢食一些新、奇、特的菜品；而来餐厅消费的中老年人绝大多数都是加班族或是有其他目的来餐厅消费，他们要求菜肴价廉物美、服务快速等，所以要根据不同的就餐人群和要求来设计菜单。

（2）要注意分析菜肴的质量。夜宵的质量直接关系到饭店的经济效益，要对夜宵每一个菜品的质量进行全面分析，了解哪些菜点顾客喜食用，点击率比较高，哪些菜点顾客不太喜欢，点击率很低或没有人过问。为此，在设计时，要经常作必要的调整。另外，对每个菜肴的主配料的搭配、调味料的比例、菜肴的数量及温度、色泽等方面都要作认真的分析，并加以改进提高，以满足消费者的需求。

（3）要注意分析菜肴价格的合理性。夜宵零点菜单价格不宜太高，因为人们视夜宵是正餐的补充，不需要在夜宵上花很多钱来消费。所以，在设计菜单时，对每一份菜品定价要恰到好处，数量不宜太多，原料要新鲜，营养搭配要平衡，价格要合理，使客人感到夜宵的价格物有所值，愿意来消费。

3. 中式夜宵零点菜单设计实例

某餐馆夜宵零点菜单

多味冷菜（按一盘计价）

茶叶鸡蛋	12.00	盐水肫	18.00
沙律牛肉	28.00	卤水鹅掌	28.00
蒜泥黄瓜	12.00	酸辣白菜	12.00
五香豆腐	12.00	咖喱冬笋	16.00
姜汁熏鱼	28.00	麻辣鸡丝	22.00

滋补热菜（按一份计价）

白灼基围虾	98.00/500 克	青椒炒螺片	38.00
酱汁排骨	28.00	西芹炒牛柳	28.00
鱼香肉丝	24.00	酸菜炒肚片	28.00
清炒时蔬	12.00	麻婆豆腐	12.00
青椒煎鸡蛋	12.00	开洋煮干丝	14.00
五香卤干	12.00	OK 汁凤爪	12.00
豉汁蒸排骨	16.00	香炸脆乳鸽	24.00
金腿炖水鱼	26.00	西参炖乌鸡	28.00

桂圆炖乳鸽	18.00	枸杞炖牛鞭	22.00
酸菜炖白鳝	18.00	荔芋扣肉煲	28.00
文蛤豆腐煲	28.00	肉末粉丝煲	18.00

精制美点（按一客计算）

开洋馄饨	6.00	五味甜汤	8.00
赤豆元宵	8.00	米粉糕	6.00
马蹄糕	4.00	咸水角	5.00
虾饺	6.00	莲蓉千层酥	6.00
鱼汤小刀面	9.00	香峰脆奶	6.00
金银馒头	4.00	椰蓉糍团	6.00
莲蓉小包	6.00	炸春卷	5.00
应时小包	6.00	烧鸭炒饭	8.00
咸鱼炒饭	8.00	扬州炒饭	8.00

营养粥品（按一碗计算）

桂圆红枣莲子粥	10.00	葱花鱼片粥	8.00
皮蛋瘦肉粥	8.00	菜心烧鸭粥	8.00
多味麦片粥	7.00		

瓜果（按一份计算）

三色水果拼	15.00	三色瓜果拼	16.00
四色水果拼	18.00	四色瓜果拼	20.00
什锦水果拼	50.00		

任务三 制作零点菜肴的注意事项

零点菜肴与团体套餐、各种宴会菜肴在制作方法上有很大的差异。零点菜肴根据客人喜好现点现制，而团体套餐、各种宴会菜肴，根据预先设计的菜单，可预先准备，预先制作。所以，我们在制作零点菜肴时，要注意下列事项。

一、抓好烹饪原料的采购工作

零点菜肴的质量好坏，在很大程度上取决于烹饪原料的质量和数量。我们要根据零点菜单中每个菜品的质量要求，对所要采购的各种原料作出详细的规定，如原材料的品种、产地、商标、等级、性能、大小、数量、色泽、包装、冷冻状态、鲜活程度等。使用规格、质量始终如一的食品原料是保证零点菜肴质量的有效措施，所以，在采购中要抓好如下几点：

1. 控制原料的采购质量

要控制好原料的采购质量，就要制定好食品原料采购规格标准单。应根据市场实际供应情况，由厨师长、食品成本核算员和采购人员一起研究，力求把所需采购原料的各种规格标准制定得科学、准确、切实可行，并一式多份，分送到厨房、食品原料验收人员、采购人员、供货商等人员手中，目的有如下几点：

（1）促使厨房工作人员认真仔细思考每个菜品所需的各种食品原料的具体质量要求，有利于操作，保证菜肴的质量。

（2）防止采购人员盲目或非正当地采购，造成原料的浪费或不新鲜，增加企业的成本，影响菜肴的质量。

（3）提高供货商的服务意识和竞争意识。使他们知道原料的质量标准，促使他们努力组织质量上乘的货源，并相互竞争，比质比价，有利于菜品质量的提高和成本的下降。

（4）规范食品原料的验收标准。有利于食品验收员按食品原料规格标准单来验货，它既是原料验收的重要依据，又是保证原料质量的重要手段。

2. 控制原料的采购数量

由于零点菜单所需原料品种多、批量少，每天菜品的供应量很难准确估计，所以，控制原料的采购数量十分重要。如某一菜品采购的原料过少，就无法保证供应，因此，在制定原料采购数量订购单时，要认真考虑冰库和仓库的存货量及零点菜单中每一菜品的销售情况，并从中找出一些规律，对各种原料的采购确定最高或最低量。具体应考虑以下几方面因素：

（1）产品的销售因素。当某一菜品销售量不断或突然增大时，这一菜品所需原料采购量要有所增加；当某一菜品销售量较少或逐渐下降时，这一菜品所需原料采购量要有所减少。

（2）原料的储存因素。在制定各种食品原料采购量时，还要考虑冰库和仓库的储存因素，如某一原料储存量多或少，其采购量就要相应地减少或增加，同时还要考虑仓库和冰库的设施与承受能力，防止由于原料采购过多造成损耗或损坏变质。

（3）市场的供求因素。市场的原料供应往往受季节、货源的供求变化等因素的影响，因此，对可能发生短缺的原料，应及时调整采购周期或库存量。

3. 控制原料的采购价格

要使每个菜品既要保质保量，还要达到一定的盈利，控制原料的采购价格是首要的一环，具体可采取以下几种方法降低原料的采购价格：

（1）限定原料的采购价格。要对多个市场的原料进行价格调查，提出各种原料购买的限价。采购人员在采购原料时，只能在规定的价格范围内采购，以保证零点菜单上每个菜品的原料成本不超过预定的成本。

（2）限定原料采购的渠道和范围。为了使原料的质量与价格相对稳定，许多企业限定在一些指定的集市或供货单位采购原料，并事先同这些单位签订一些购货合同。

（3）限定大宗和贵重原料的购货权。大宗和贵重原料的价格是构成产品成本的主体，购买这些原料，必须预先制定采购报告，确定购买原料的品种、数量、价格及购货单位，限定报告审批权，有效控制盲目采购和非正常采购，使菜肴成本有效地得到控制。

二、抓好烹饪原料的加工、切配工作

在制作零点菜肴过程中，原料的加工、切配是重要的一环，它不仅是决定每份菜肴的质量和成本的关键，而且也是决定餐饮企业在经营中能否盈利的主要因素，所以，应该掌握原料的加工方法和切配方法。

1. 掌握烹饪原料的加工方法

零点菜肴在制作过程中，无论是对原料的初步加工，还是精细加工，其加工的规格质量和出品的时效对下一道生产工序都有着直接的影响。所以，在加工过程中应注意如下方法：

（1）控制原料的加工数量。每天各种原料加工的数量要以每天的销售量为依据，避免加工过多造成原料质量降低，而加工过少又不能满足经营需求，因此，要有计划、有目的地控制数量。

（2）提高原料的加工质量。一是要讲究各种原料的加工方法；二是要讲究每种原料加工的出净率及标准等要求。如在加工冰冻原料或是鲜活原料时，加工方法就十分重要，冰冻的解冻切不可操之过急，如果将冰冻原料直接放在热水中化冻，会造成原料外部未烹调已半熟，而内部仍冻结如冰，严重地影响原料的营养、质地和感官指标。如果将解冻的原料置于10℃以下的空气或水中慢慢解冻，不但可恢复原料到新鲜软嫩的状态，而且能减少汁液的流失，保持原料的风味和营养。鲜活原料也十分讲究，如新鲜蔬菜的加工，除掌握各种蔬菜加工方法外，还要防止营养成分的流失，做到先洗后切，不可将加工后的原料长期暴露在空气和阳光下，也不可一次加工过多，造成变质而浪费；对一些活禽、活鱼的加工更要根据烹调的需求，掌握加工的程序和方法，保质保量。

（3）制定原料的加工程序。在加工每一种烹饪原料时，都要制定加工的程序及加工的标准和要求，将所需的猪、牛、羊等肉类原料进行不同的洗涤及分档取料，有的原料经精加工后需挂糊上浆，剩余部分用保鲜膜分别封好，根据用途分别放置冷藏库或冷冻库待用。

2. 掌握烹饪原料的切配方法

零点菜肴切配阶段是决定每份菜肴用料的质量和数量的关键，也是加强菜肴成本控制的重要阶段。主要应掌握如下几种方法：

（1）明确每份菜品组成的数量。零点菜肴在切配时，要严格按零点菜单设计的要求来执行，尤其在组配的数量上要心中有数，不可疏忽大意，随心所欲，缺斤少两，或大大超标，必须按标准菜单的规定来切配每一份菜品，每份菜品的主、配料都需用秤称量，做到准确无误，确保就餐者的利益和饭店的利益。

（2）明确每份菜品的质量。菜品的质量一旦确定后，应始终如一，如切配一份“冬笋炒肉丝”，规定肉丝150克，冬笋丝50克，其主配料的比例是3∶1，在日常经营时，主配料的比例不可忽多忽少，否则很难确保每份菜品的质量。

（3）明确每份菜品的切配程序。零点菜肴的切配必须按操作程序进行，尤其在经营的高峰期间，往往出现配错菜、配重菜、配漏菜等不良的现象，严重影响正常工作秩序，如主料有的要挂糊上浆，有的要加工成各种形状，有的要进行初步熟处理；配料（料头）预先也早就切配成形，做到数量适当、品种齐备，满足开餐配菜的需求。

三、抓好菜肴的烹调工作

零点菜肴的烹调阶段是确定菜肴色、香、味、形、质的重要阶段，也是保证菜品质量的关键。因此，我们必须认真加以研究，掌握菜肴烹调中的操作程序，使零点菜肴制作达到满意的效果。

1. 规范冷菜的烹调操作

零点菜肴中的冷菜，要求出品及时，一般都在热菜前上桌，所以，在烹调时要注意如下几点：

（1）注重烹调方法。冷菜一般都具有开胃、佐酒的功能，要求汁少味浓、风味独特、口味醇正、越嚼越香。所以，在烹调时，要根据各种冷菜的特点，区别对待。

（2）要注意造型和色彩。对冷菜装盘要整齐划一，如有几个冷菜应大小一致，不可一盘太多，一盘太少。冷菜的色彩也要讲究，色泽要鲜艳，几个冷菜组合在一起，颜色应多样，红、绿、黄、白等色彩均有。总之，要给人一种整齐美观、色泽鲜艳之感。

（3）要注意数量和质量。我们要根据零点菜单所规定的要求制作。选好盘碟，认真装置，应以适量、饱满、卫生为标准。

2. 规范热菜的烹调操作程序

零点菜肴的烹调不可大批生产，一般现点现烹，少量勤烹。规范热菜烹调操作程序，具体应做到如下几点：

（1）做好调料的整理。在每次开餐之前，必须对调味品加以整理，做到调料罐放置正确，使用方便，调味品齐全，数量恰当；固体调料无杂物，不受潮，颗粒分明；液体调料无油污，清洁卫生；调味品品种齐全，口味醇正；烹调用汤，清汤清澈见底，白汤浓稠乳白。

（2）做好初步熟处理。零点菜肴的烹调，在开餐前必须做好初步熟处理的工作。如植物类原料经过焯水色泽鲜艳，质地脆嫩，动物类原料经过焯水要去尽血污和腥味。加热半成品的原料要恰到好处，符合正式烹调的要求。

（3）做好菜肴的烹调。零点菜肴的烹调，基本上是一份一份的制作，为了保证每份相同的菜肴口味一致，调味的用料必须准确，口味、色泽要符合菜品设计的要求。

3. 规范点心的烹调操作

在零点菜单中点心占有一定的比例，在制作点心时，同样要严格按照制作点心的程序和标准去操作。

（1）讲究点心馅心的制作。点心馅心的制作是决定点心质量好坏的关键。应当根据零点菜单的点心品种，调制好各种点心馅心，要按比例、讲标准、按程序调制每一种点心的馅心。

（2）讲究点心面团的调制。制作点心的面团很多，有发酵面团、米粉面团、油酥面团、纯粉面团等，应该根据各点心对面团的要求，认真掌握面团的水粉比例、稀稠程度、调制时间等方面的技术，使各种面团有利于包馅、有利于成型。

（3）讲究制作点心的烹调方法和时间。对制作点心的各种烹调方法，要全面掌握其操作的关键，明确加热的时间，规定点心成品的数量和质量。

总之，零点菜肴的制作从采购→加工→切配→烹调等，每一步骤都有一定的标准和要求。只要设计和操作人员严格执行这一标准，就会使零点菜肴越做越好。

复习思考题

1. 零点菜单的种类有哪些?
2. 零点菜单有哪些特点？并举例说明。
3. 设计零点菜单的要求有哪些?
4. 设计中式早餐零点菜单应注意哪些事项?
5. 简述中式正餐零点菜单的主要内容。
6. 根据当地人的饮食习惯及生活水平，设计一份春季中式午餐零点菜单。菜品不少于20种。
7. 设计中式正餐（含午、晚餐）零点菜单时应注意哪些事项？为什么？
8. 制作热菜零点菜单时，应做好哪几方面的工作？为什么？

模块八

宴席成本与质量控制

学习目标

- 掌握宴席成本控制
- 掌握宴席产品的质量控制
- 掌握宴席服务的质量控制及对客人投诉处理

宴席设计与实施具有一套完善的工作标准，宴席工作人员只有依照标准完成好各个环节的工作任务，才能保证整个宴席工作有条不紊地进行。本模块将重点介绍宴席成本控制、宴会菜品生产和服务标准及其质量控制等。

任务一

宴席成本控制

宴席成本控制与质量控制是宴席管理职能的一部分，贯穿于宴席产品生产与销售的全过程。宴席成本控制的目的并非仅仅记录成本数额，主要在于提供各项成本的发生情况，分析实际成本与计划成本之间的差异，为宴会经营者做出正确判断，及时采取措施进行修正，提供客观依据，以确保宴席产品的质量。

一、宴席成本控制的方法

所谓成本控制，就是为了将成本的实际发生保持在管理部门预先规定的成本计划及其允许限度内所采取的评价过程和行动。

宴席成本控制应区别不同控制内容，采用适当的方法。下面介绍几种常用的成本控制方法。

1. 制度控制法

为了控制成本，防止可能出现的各种问题，宴席经营管理应建立和健全成本控制制度，建立正常的成本管理机制。成本控制制度是宴席成本控制的基础。如果只有成本计划，没有对其执行、控制、监督的制度措施，成本计划就无法完成，降低成本的计划就会落空。为了有效地进行成本控制，企业必须首先建立成本控制的组织制度系统，将成本控制的具体任务、目标、定额以及有关规定落实到各子系统，使成本控制做到组织人员落实、控制指标落实、总体方向明确。在成本计划的执行过程中，哪些指标出现问题，应及时进行信息传递，宴席部应立即组织有关人员进行研究，使得问题及时得到处理和解决，不可将成本控制流于形式。

2. 成本目标定额控制法

为了有效地控制宴会成本，餐饮企业对宴席经营过程中的各项任务目标进行分解，制定定额，将成本的发生控制在预先规定的成本计划及其允许的范围内。

在制定成本目标定额时，应充分考虑到定额应当先进合理，反映平均先进水平，使多数职工经过努力可以达到和超过。定额也应当根据经营条件、经营状况的变化及时进行修订。

3. 毛利率控制法

营业收入扣减营业成本的差额即为毛利额，毛利额与营业收入的比率称为毛利率。营业成本与营业收入的比率称为收入成本率。毛利率越高，收入成本率就越低；毛利率越低，收入成本率就越高。利用这几个指标之间的关系，就可以采用毛利率控制法来控制成本支出。

利用毛利率法控制成本，可以随时根据收入数量控制其成本数量，及时发现问题，及时解决问题。

宴席部既要有年度的营业目标预算、支出预算及营业利润计划，更要有逐月、逐日的损益统计表，从损益表中可以清楚地看到营业收入、营业成本、营业费用之间的实际关系，尤其是通过对比分析，找出营业收入、营业成本、营业费用增加或减少的原因。此种方法的特点是简便、灵活，根据收入数额就可以准确地计算出应该开支的成本数额。

制度控制法、成本目标定额控制法、毛利率控制法这几种方法可以互相补充，共同使用，它们分别从不同的角度对成本进行控制，可以逐步形成成本控制的方法体系。

二、宴席成本控制的措施

（一）实施成本控制责任制

为了掌握和控制宴席成本，除了饭店财务部设立成本会计人员专门负责宴席成本外，还应将宴席成本目标分解到各部门，与相关人员的责任及奖罚挂起钩来，实行成本跟踪控制，保证成本维持在目标范围内。

（二）加强宴席菜品成本的控制

加强宴席菜品成本管理，千方百计降低菜品成本，对宴席经营管理具有特别重要的意义。因为菜品成本在宴席成本中占有很高的比率，降低了菜品成本，就是直接增加了宴席利润，既可以为企业节约资金，又能直接降低宴席价格，增强宴席竞争力。

宴席菜品成本就是宴席菜品直接耗用的原材料成本和燃料成本。它既包含了菜品生产过程的原料的采购、原料初加工、切配、菜品烹调、菜品装盘各个生产阶段及其加工的每一环节，又包括了从原料验收、保管、发货、盘存等保管流转过程的每一个环节，这两个过程是否健全，漏洞和损耗是否减至最少，与宴席菜品成本有直接的关系。

以宴席菜品生产过程为例，原料采购的目的在于以合理的价格，在适当的时间内保证获得安全可靠的货源，按规格标准和预定数量采购宴席所需的各种食品原料，以保证宴席业务活动顺利进行。从成本控制的角度分析，采购工作中成本控制应集中在食品原料的质量、数量和价格几个方面。从原料的初加工到切配、烹调直至装盘，应该严格按照餐饮企业所制定的标准，采用最适合的加工工艺，减少加工过程中人为因素造成的损耗，从而既使菜品成品质量和数量不受影响，同时又达到控制原料数量、加工质量及成本的目的。

以原料验收保管的流转过程来看，要建立健全管理制度。原料的验收，必须按规程严格把关，以起到与原料采购相互制约的作用。对购入的原料进行验收时，不但要检查数量，而且要核对规格、型号、品牌、质量等与购买申请书所写的是否相符，并严格按照计划数量逐件过秤、验收，如有不符，应拒绝收货。对不入仓库的原材料（如鲜活原料），除了由验收部验收质量、数量外，还要由生产部门两次验收，并在单据上签字，最后，由验收部开出收货记录，才算完成验收手续，如果没有收货记录，财务部门不应付款。

在仓库保管方面，应该根据原材料的不同性质，分别堆放，要注意通风和卫生，并严格依照申请程序发货，排除有单无货，或有货无单现象。总之，要坚持做到购货计划天天查、采购部门天天买、仓库领货天天取、原料使用天天完。仓库在账务管理上，要利用电脑打出数量、金额控制的仓库账。每日原材料发出后，在分类存放货架上设卡登记，并经常与账簿核对，做到账卡相符。

为了控制宴席菜品成本，还应根据标准菜谱加强对菜品的成本核算，这样才能计算出菜品的标准成本，然后与实际消耗的成本进行比较，使两者之间的差额最小，最终实现成本最优化。

（三）努力降低经营费用

宴席成本控制中，不仅要抓好宴席菜品成本控制，而且要抓好人工成本及其他经营费用的控制，只有这两者都控制在合适的水平上，宴席成本控制才能实现预期的总目标。如果只注意宴席菜品成本控制，而忽视了人工成本和其他经营费用的控制，势必会导致宴席成本依然居高不下，宴会经营利润便无从保证，甚至可能产生亏损。

宴席人工成本的控制，属宴席成本控制的一项重要内容。由于宴席经营具有淡旺季的差异以及生意量不固定的特点，所以必须对正式员工聘用人数进行严格控制。宴席员工聘用人数的计算方式为：将月平均营业额除以每人每月的产值，便得出应雇用的正式员工人数。这种计算方法适合于同一地区同类宴席经营的餐饮企业。为适应宴席进行时大量的人力需求，宴会部除正式员工外，还应雇用经过训练的临时工、钟点工，以有效地节省人事费用，将人事成本减到最低。

在经营费用中，除了人工成本可控之外，其他还有不少费用项目属于可控项目，如水电费、燃料费、损耗费、事务费等。以水电使用为例，大型酒店宴会厅动辄数百上千人用餐，所使用的灯光、空调、冰库冰箱、抽排风等设施都属于大耗电量的设备，水的使用量亦是很大，由此必然发生的水电费支出在营业费用中占有很大的比例，如能从细微处入手，采取切实有效的节水节电的管制措施，将水电费用降到最低，长时间坚持下来，也可大大降低经营费用。其他如燃料费、器皿的损耗费、办公用品费、长途电话费等事务费用，只要思想重视，管理措施到位，费用水平也会下降。所以，当经营费用水平整体下降时，也是利润空间达到最大的时候。

（四）建立降低成本的奖励机制

降低成本的奖励机制就是对实际成本高于标准成本的现象采取惩罚措施（包括罚款），对实际成本比预期成本低，逐渐接近标准成本的现象给予适当激励。

完善降低成本的奖励机制应注意以下几个问题：

1. 降低成本的奖励机制要注重兑现

降低成本的奖励机制一旦确定，就不应轻易变动，确定的指标实现后，就必须按制度规定实施奖罚。否则，降低成本的奖励机制就缺乏可信度和约束力，就发挥不了应有的作用。同时，要保持制度的连续性，以后各年都要继续按标准执行。当然，随着条件的变化，标准可以作适当的调整，以充分发挥奖励机制的应有作用，达到预期的理想效果。

2. 掌握好奖励机制的运行周期

以宴席菜品成本为例，由于菜品价格常常随市场和季节波动，如果某一时期时令原料价格偏低，则宴席菜品的成本应随之降低；如果某一时期的原料价格提高，整个宴席菜品的成本就会相应上升。由于菜品价格的波动具有一定规律性和周期性，为便于计算和控制，一般来说，周期定为一年为好。

任务二 宴席产品的质量控制

在进行宴席成本控制的同时，必须注重宴席产品的质量控制。两者贯串于宴席产品生产与销售的全过程，不可偏颇。

一、宴席产品的质量标准

宴席产品质量标准主要指宴席菜单设计的质量标准与宴席菜品的质量标准，现简要介绍如下：

（一）宴席菜单设计的质量标准

宴席菜单设计质量标准包括菜单的种类、菜品组合、外观设计以及利润控制等标准。

1. 菜单种类

一些大中型餐饮企业，设有种类不同的各式套宴菜单（固定式宴席菜单），就其种类而言，应做到：

（1）不同类型的宴席菜单种类齐全；

（2）不同档次的宴席菜单齐全；

（3）不同使用时间及不同设计性质特点的宴席菜单齐全。

2. 宴会菜品的组合

（1）所列菜名命名规范、分门别类，体现上菜顺序。

（2）宴席菜品的总价与宴席的预订价格基本相吻合。

（3）菜品及其排列方式要能展现宴席的特色风味，整套菜品的风味特色必须鲜明。

（4）真正符合订席人的合理要求，如实按照协议操作，尽可能做到因人配菜。

（5）宴席中的菜品，特别是核心菜品（如头菜、座汤、彩碟、首点等），要能突出宴会主题。

（6）菜单所体现的节令性与制作宴席的季节相一致。

（7）真正体现“席贵多变”的设计原则。所用烹饪原料多样化，烹调方法多样化，菜品色泽、外形、口味、质地多样化。

（8）符合宴席生产的各种客观性要求，尽量发挥本店厨师及设备设施的专长，尽可能地展示本店的特色风味。

（9）菜品营养搭配符合平衡膳食的要求。

3. 外观设计

（1）外观精美，图案鲜明，设计风格与酒店风格相协调，有艺术特色和纪念意义。

（2）封面封底印有酒店名称、店徽标志、宴会厅名称、电话号码、地址。菜单尺寸大小合适。菜单内外无涂改、污迹、油迹，清洁卫生。

（3）菜品类别顺序编排合理，排列美观。菜名字体选用合适，大小清晰，易于辨认，符合识读习惯和美学要求。

（4）设计点菜式宴席菜单，部分酒店为顾客提供宴席点菜菜单。宴会点菜菜单应配有菜品名称、主要原料、烹制方法和产品特点的简单中文和外文说明，便于客人选择。

4. 利润控制

菜单中菜品毛利率的掌握应根据市场供求关系、酒店的等级规模、目标顾客、同类酒店宴席的价格水平等多种因素来综合确定，其基本规律是：主食产品毛利率较低，冷碟、面点毛利率较高，热菜毛利率较高，加工精细、工序复杂、工艺难度较高的菜品毛利率可更高。

（二）宴席菜品的质量标准

1. 原料采购

（1）食物原材料符合食品卫生要求。

（2）采购渠道正当，鲜活原料保证新鲜完好。

（3）厨房各种原料色泽、质地、弹性等感官质量指标符合要求，无变质、过期、腐坏、变味的食品原材料用于制作宴席。

（4）所有原料采购必须做到质量优良、数量适当、价格合理、符合厨房（宴会菜品）生产需要。

2. 原料选择

（1）各类原料的选择应与产品风味相适应。

（2）主料、配料、调味品原料的选择根据产品烹制要求确定。

（3）选择原料的部位准确，用料合理，数量充足。

3. 原料加工与配菜

（1）粗加工分档取料。要做到取料准确、下刀合理、成形完整、清洁卫生、出料率高，并确保营养成分尽可能少受损失。

（2）涨发原料应发足发透、摘洗干净，冷冻原料解冻彻底。

（3）原料细加工符合菜品风味要求，密切配合烹制需要。

（4）同种风味、同类产品的原料加工要做到合理下刀，物尽其用，做到整齐、均匀、利落。

（5）原料加工过程中，把好质量关，不符合烹制要求的原料不做配菜使用。

（6）尽量避免因原料加工不合理而影响产品质量的现象发生。

（7）根据菜品风味要求，掌握菜肴定量标准，按主料、配料比例标准配菜。

4. 炉灶烹制

（1）各种菜品根据风味要求和烹制程序组织生产。

（2）主料、配料、调料投放顺序合理、及时；火候、油温、成菜、出菜时间掌握准确，保证炉灶产品烹制质量。

（3）装盘符合规定要求，形式美观大方，注意装盘卫生。

5. 成品质量

菜品的成品质量与菜单设计所要求的菜品风味及其色、香、味、形、质、器的感观指标相一致，符合客人的感官要求。关于菜品的成品质量评审标准，本书模块二任务二中已作详细介绍，这里不再赘述。

二、宴席产品的质量控制

宴席产品质量控制的范围较广，这里仅介绍宴席产品的生产效率控制、宴席菜品的质量控制及宴席酒水的质量控制等。

1. 宴席产品生产效率控制

宴席菜品必须严格按照宴席的预订情况、宴席菜单及菜品烹调工艺要求来组织生产。由于许多菜点都是现烹现吃，讲究“一热三鲜”，所以，宴席菜品生产“以求定供”显得特别重要。

在宴席菜品的生产过程中，应特别注重效率，将工作效率与生产质量连为一体。有些菜点尽管使用现代化的食品加工机械设备来制作，生产速度快、效率高，但其质感与滋味可能就不如使用传统的手工方法来加工制作得那么好。例如，鱼丸用机械生产就比不上手工制作的口感好。中国菜拼配、加工及烹制的方法比较复杂，菜品的风味较独特，非一般西方菜品所能比拟，但相对于西式菜肴而言，生产效率较低。解决中餐宴席的生产效率问题，主要的途径是调整宴席结构，控制菜品数量，并且预先做好准备工作。菜肴配料、半成品、冷盘都可以预制，粗加工、细加工和切配也可以提前准备，这样就大大缩短了宴席的现场制作时间，相应地提高了工作效率。

2. 宴席菜品质量控制

针对宴席菜品的质量管理，大型餐饮企业采用全面质量管理方法来进行管理。全面质量管理主要有三个特点：一是对宴席菜肴的制作过程进行全方位的质量控制，从原料采购的质量控制开始，到菜肴的运输、储存、保鲜、加工、制作、烹饪、装盘、上菜、分菜、桌边服务，实施全过程、一条龙的质量控制与管理。每项作业、每道工序，一直到整个生产流程，都有一个完整的预先控制，包括现场检测、督导、质量偏差反馈控制等计划与措施。二是对关键环节、薄弱环节预先制定一些有针对性的防范措施，在人力资源、技术、设备等方面对关键环节、薄弱环节给予适当加强和照顾。三是餐厅的所有员工全员参与产品质量管理，每个员工在餐厅产品质量管理部门的指导下，积极参与制定各部门、各班组、各岗位的岗位职责和工作质量标准，并接受上级的质量监督与管理。

至于小酒店、小餐厅，因人手所限，采用的是比较简单的质量管理方法，如原料验收入库时要设岗检查进货物料质量，把不合格原料堵在库房之外；在领料时和使用之前也安排有经验的员工对原料的质量进行检验、鉴别，力争把不能使用的原料杜绝在烹饪灶台之外，防止不合格的产品上桌。

3. 宴席酒水质量控制

酒水的质量控制主要分为两个部分：外购酒水的质量控制与自调酒水的质量控制。外购酒水的质量一般来说是由厂家负责，但由于市场上假冒伪劣产品屡禁不绝，而且掺杂使假的技术也越来越高超，因此外购酒水质量控制的主要工作就是在采购酒水时加强对假冒伪劣产品的甄别，并防止其混入；至于自制酒水的质量控制，应确保使用的是优质原料，并抓好自制酒水生产加工的标准化管理和规范化操作。例如，鸡尾酒的调制要严格按配方、调制方法和调制程序来制作，偷工减料，质量当然就无法保证。泡茶、调制咖啡也很有学问，除了原料本身的品质外，工具、技术、设备与制作方法都会影响到茶或咖啡等饮料的质量，甚至连泡茶或调制咖啡的水温、调制鸡尾酒所用载杯都有一定的要求。没有达到规定的要求，酒水的质量都会受到不利的影响。

任务三 宴席服务的质量控制

就宴席的运转过程而言，宴席具有宴席预订、菜品制作、接待服务及营销管理这四个前后承接的环节。特别是接待与服务，通常要求预订准确，准备充分；厅堂美观，铺台规范；服务热情、主动、细致、礼貌而又周全。

一、宴席服务的质量标准

（一）中餐宴席服务的质量标准

中餐宴席服务的质量标准包括：宴席准备、宴会厅布置、宴会铺台、任务布置、迎接客人以及宴席有关其他服务的标准。

1. 宴席准备工作

（1）宴会开始前，宴会厅主管召集服务员讲清宴会性质、规格、出席人数、开宴时间及服务要求。

（2）服务员熟悉宴席服务工作内容、服务程序、质量要求。

（3）具体明确人员分工及其任务分配，大型宴会以图示方式标明人员分工情况。

（4）宴席菜单酒水单内容清楚。

（5）服务员能熟悉菜单，掌握主要菜品的风味特色、主要原料、烹制方法、典故来历，便于上菜时主动向客人介绍。

2. 宴会厅布置

（1）宴席组织者在宴会举办当天，提前 1～3 小时组织服务人员做好宴会厅的布置工作。

（2）布置方案根据主办单位要求、宴席性质、规格确定。

（3）宴会厅的布置做到餐桌摆放整齐、横竖成行、斜对成线。

（4）台形设计根据宴席规模和出席人数确定，做到主桌或主席区位置突出，席间客人进出通道宽敞，有利于客人进餐和服务员上菜。

（5）花草、盆栽和盆景摆放位置得当，整洁美观。

（6）需要使用签到台、演说台、麦克风、音响、聚光灯的大型宴席，设备配置安装及时，与宴会厅餐桌摆放相适应。

（7）整个宴会厅布置做到环境美观舒适，设备使用方便，清洁卫生，台形设计与安装、餐桌摆放整体协调。

（8）衣帽间、休息室整理干净，厅内气氛和谐宜人，能够形成独特风格。

（9）整个宴会厅使客人有舒适感、方便感。

3. 宴会厅餐台质量标准

（1）正式开餐前整理宴会厅台面、清理宴会厅卫生。

（2）台面餐具、酒具、茶具摆放整齐、规范，造型美观。菜单、席次牌、调味品摆放位置得当。

（3）主桌或主席区座次安排符合主办单位的要求。

（4）高档宴会客人姓名卡片摆放端正。

4. 迎接客人

（1）宴会厅迎宾领位员身着旗袍或制服上岗，服装整洁，仪容仪表端庄。

（2）迎接、问候、引导语言运用准确规范，服务热情礼貌。

（3）客人来到宴会厅门口，协助主办单位迎接，安排客人入位。

（4）引导贵宾到休息室，提供茶水、香巾，服务主动热情。

（5）宴会开始前引导客人入宴会厅，座次安排适当。

5. 茶水、香巾服务

（1）客人来到餐桌，服务员拉椅让座主动及时。

（2）递送餐巾、除去筷套、送香巾、斟茶服务动作规范，照顾周到。

6. 上菜服务

（1）正式开宴前 5～10 分钟上凉菜。

（2）菜点摆在转盘上，荤素搭配、疏密得当、排列整齐。

（3）客人入座后，询问宾客用何种酒水或饮料，斟酒规范，不溢出。

（4）客人祝酒讲话时，服务员停止走动。

（5）上菜品时报菜名，准确介绍菜品风味特色、烹制方法或典故来历。

（6）掌握上菜顺序和节奏，选好位置，无碰撞客人现象。

（7）上需要用手直接取食的菜点时，同时上一次性手套、茶水和洗手盅。

（8）上菜一律使用托盘，动作规范。

7. 分菜派菜服务

（1）开宴过程中分菜派菜及时。

（2）每上一道主菜，先将菜点摆在餐桌上，报出菜点名称，请客人观看，再移到服务桌上分菜。

（3）分菜派菜准确，递送菜肴讲究礼仪程序。

（4）将派菜后的剩余菜点整齐摆放在桌面上。

（5）随时清理台面。

8. 用餐巡视服务

（1）用餐服务过程中，加强巡视，照顾好每一个台面。

（2）每上一道新菜，适时撤换骨盘，保持桌面整洁。

（3）适时撤换香巾，续斟酒水饮料。

（4）为客人点烟及时，适时撤换烟缸，烟缸内烟头不超过 2 个。

（5）上甜点或水果前，除留下酒水杯外，撤下其余餐具及洗手盅。

（6）最后递送香巾，主动及时为客人斟上热茶。

9. 餐后服务

（1）主办单位宣布宴席结束后，服务员主动征求客人意见。

（2）客人离开，移椅送客，配合主办单位告别客人，欢迎再次光临。

（3）客人离开后，快速清理台面。

10. 结账收款

（1）准备收款设备与用品。收款台位置适当，台面美观舒适，方便客人结账；配收款机、信用卡机、程控电话；收款传票、簿本、报表、书写工具等办公用品齐全，取用方便，能够适应宴会厅收款服务需要。

（2）账单准备。收到宴席预订单，按宴会厅或单位编号、台号分类；账单内容审核清楚、准确；宴会菜点、饮料、其他消费及服务费分项核算准确，输入电脑，操作规范；客人结账前，将各宴席账单准备齐全，等候服务员前来结账。

（3）收款服务。客人示意结账，服务员从收款台取得账单，用账单夹呈送至客人面前，礼貌地将账单递给主客或要求结账的客人；客人用现金结账，账款当面点清，找回零钱交给客人，向客人表示感谢；客人用信用卡结账，收款员检查客人信用卡在本宴会厅是否可以接收、截止时期及其真伪，准确无误后，使用压卡机压卡后请客人签字，并礼貌地交还信用卡，向客人表示感谢。

（4）账款交接。桌面服务员收款后，账单、现金交回收款处，双方当面点清、审核无误；交接手续完善。

（二）西餐宴席服务的质量标准

西餐宴席服务的质量标准包括：宴席准备工作、宴会厅设计、台形布置、宴会台面与座次安排、接待环境的美化、迎接客人以及西餐宴席有关其他服务的标准。

1. 宴席的准备工作

（1）正式开宴前宴会厅主管集合服务人员讲清宴会性质、接待规格、出席人数、开宴时间、主办单位要求、人员分工，任务布置具体明确。

（2）迎宾领位员、桌面服务员熟悉西餐宴会工作内容和服务程序。

（3）服务员能够背诵宴会菜单，掌握上菜顺序。

（4）宴会服务所需的各种餐具、酒具和服务用品准备齐全，摆放整齐。

2. 宴会厅设计

（1）厅堂设计与客人所订西餐宴会类型、等级规格、出席人数、主办单位对设备与台形要求相适应。

（2）做到环境设计美观，设备、台面摆放位置适当，整体布局协调。

（3）整个宴会厅用餐环境典雅大方、舒适方便、气氛宜人，符合主办单位要求。

3. 台形布置

（1）根据客人出席人数和主办单位要求选择台形。

（2）任何台形都必须做到美观、大方、舒适、方便，台面整洁，厅内客人通道宽敞。

（3）大型宴会设主席区，中小型宴会设主台或主桌。

（4）主席区或主台位置突出、布置精心、形象美观，与整个台形设计相适应，具有美感效果。

4. 宴会台面与座次安排

（1）开宴前 1 ~ 2 小时组织服务人员按照西餐宴会标准铺台。

（2）台衬、台布铺设平整、美观，餐具、茶具、酒具、桌花及烟缸、席次牌等摆放整齐、规范，台面美观典雅。

（3）座次安排根据主办单位的要求确定。

（4）国宴或重要宴会，主席区或主台的座次设人名牌，座次安排合理，体现礼仪规格。

5. 接待环境的美化

（1）宴会厅门前设存衣处、宾客休息室，门前整洁、美观、舒适。

（2）宴会厅入门处布置花草、屏风。

（3）厅内根据宴席规格和主办单位要求设签到台、演讲台、麦克风、音响、射灯等设备，摆放整齐、美观，与整个厅堂布置协调一致。

（4）整个接待环境具有吸引力，客人有舒适感。

6. 迎接客人

（1）迎宾员面带微笑，协助主办单位主动、热情地在门口迎接客人。

（2）客人来到宴会厅，贵宾先引领到贵宾休息室，提供茶水或餐前鸡尾酒服务。

（3）快速、准确引导客人入座。

（4）遵守先主宾后随员、先女宾后男宾的礼仪规范。

7. 餐前鸡尾酒服务

（1）客人来到餐桌，服务员主动及时移椅让座。

（2）热情、快速询问客人所用酒水饮料或餐前鸡尾酒。

（3）规范斟酒，同时递送香巾。

8. 酒水服务

（1）客人祝酒前，服务员为客人斟香槟酒。

（2）斟酒八成满，不溢出。

（3）客人祝酒讲话，服务员停止走动。

（4）酒水员为客人续斟酒水要及时。

（5）开宴过程中，所上菜点与酒水匹配，冷菜上开胃酒，汤菜上雪利酒，海味上白葡萄酒，肉类上红葡萄酒。

（6）酒水选用与主办单位的要求相适应。

9. 上菜服务

（1）上菜遵守操作程序，掌握上菜节奏与时间。

（2）报出菜名，介绍产品风味与特点。

（3）采用分餐服务方式。

（4）每上一道菜，撤去上一道菜的餐具，清理台面，及时摆上与新上菜点相匹配的刀叉、盘碟，服务细致。

（5）分菜派菜均匀，递送菜点讲究礼仪顺序。

（6）操作技术熟练，没有汤汁洒在桌上或客人衣物上的现象发生；上水果、甜点前，撤去除酒水杯外的餐具，摆上新的餐具。

（7）为客人斟酒或饮料及上水果或甜点及时，摆放整齐。

（8）上菜、派菜服务及最后上香巾、咖啡或红茶服务均做到准确、熟练、服务规范。

10. 桌面巡视服务

（1）开宴过程中，照顾好每一个台面的客人。

（2）撤换清理台面餐具，递送香巾、撤换烟缸，递送、撤走洗手盅，添加酒水、饮料等各项服务均做到适时、准确、耐心，操作规范。

（3）各项服务保证让客人满意。

11. 餐后服务

（1）客人用餐结束，服务员移椅，征求客人意见，递送衣物主动、及时。

（2）告别语言运用准确、规范。

（3）客人离开，协助主办单位欢送客人，欢迎再次光临。

（4）客人离开后，清理台面，撤出临时安装的设备，整理餐具迅速、无声响。

二、宴席服务的质量控制

宴席服务的质量控制工作主要分为四个阶段，即计划阶段、实施阶段、检查阶段和处理阶段。这四阶段的具体操作要求如下。

1. 计划阶段

宴席组织者必须对整个宴席过程的各项要求进行周密策划。

宴席组织者主持召开工作会议，下达宴席具体任务，并落实到人。

使每位参加宴席活动的工作人员都清楚地了解宴席的要求、自己的工作内容、工作程序及标准。

2. 实施阶段

宴席服务人员按照计划要求，布置厅堂，准备餐用具，做好各项宴席准备工作。

在宴席过程中，严格按照宴席要求，操作规范，提供周到、热情的宴席服务。

3. 检查阶段

宴席组织者及各级宴席负责人，在宴席过程中认真检查服务员的工作情况，检查是否按照宴席计划要求，提供了准确的服务。

在督导过程中，如发现服务人员工作疏漏或未严格按计划要求实施，应及时加以纠正，防止影响扩大。

4. 处理阶段

总结宴席服务工作。对好的方面加以表扬，对出现的问题加以点评，以防下次再犯。

总的说来，只有严格管理，规范行为，将具体工作落到实处，抓好每个环节的质量控制，宴席接待活动才能顺利圆满地完成。

任务四 宴席突发事件与客人投诉处理

在宴席业务的组织与实施过程中，有时会突然发生一些意外事件，特别是当宴席产品的质量出现问题时，宴会工作人员应及时做出积极正确的反应，并进行妥善的处置，以保证宴饮活动的顺利进行。

一、宴席突发事件的处理

1. 客人要求退菜、换菜等情况的处理

在宴席接待与服务过程中，有时会出现顾客要求退菜、换菜或是将原菜品返回厨房重新烹制等现象。产生此类现象，应视具体情况灵活处理。

因宴席中的食物原料腐烂变质或存有异味，因摘洗不尽或其他原因导致菜品中出现毛发、虫卵、砂石、柴油等异物时，宴会厅领班或主管、经理应向客人表示歉意，征得客人同意后，重新更换一份。重新更换或改做的菜品应免收费用，并请客人原谅。

若出现因烹制火候不足或加热方法不当导致菜品不熟或焦煳，因调味不当导致菜品味不足或味太重，因烹饪原料变更或者用料不足等现象，宴会厅领班或主管应即时查明原因，向客人表示歉意，在征得客人同意后，做出变更处理。

若出现因客人不了解菜肴风味特色而误认为菜肴不熟或调味失当以致难以食用的情况时，服务员应有礼貌地说明菜肴风味特色、烹制方法和食用方法，使客人消除顾虑。

处理以上情况，都要态度和蔼真诚，语言流利准确，词意表达清楚，客人易于理解和接受，避免有使客人感到尴尬的现象发生。

2. 菜肴汤汁洒出后的处理

宴席服务过程中，因某种原因，菜肴汤汁洒在餐桌上，应立即向客人表示歉意，迅速用干净餐巾垫上或擦干净，以不影响客人进餐。

若操作不小心，使菜肴汤汁洒在客人身上，应立即向客人道歉，态度诚恳。同时，用干净毛巾替客人擦拭，并征求客人意见，必要时为客人提供免费洗涤服务。

若是由于客人粗心，将汤汁洒在衣物上，服务人员也要迅速上前主动为客人擦拭，并安慰客人。

3. 客人被食物噎住时的处理

因某种原因客人被食物噎住，服务员要留心观察，一旦发现，迅速送一杯茶水请客人喝下。

若情况较严重，客人脸色发青，不能讲话，马上请医生前来处理。.

4. 客人醉酒时的处理

如果个别客人饮酒过量，发生醉酒情况，宴会厅主管应立即到现场，让客人安静，搀扶客人离开宴会厅，帮助客人醒酒，以不影响其他客人进餐。

服务过程中，留心观察客人饮酒动态、表情变化，能够针对具体情况适当劝阻。

事后不笑话客人，不影响其他客人进餐。

5. 客人反映账单不符时的处理

服务员应迅速同客人交谈，询问客人疑问，与客人一起核对所上食品、饮料和其他收费标准，并立即同收款员联系。

因工作失误造成差错，应立即向客人道歉，及时修改账单。

因客人不熟悉收费标准或算错账，应小声向客人解释，态度诚恳，语言友善，不使客人难堪。

宴会厅要杜绝因收款服务引起纠纷或客人投诉的现象发生。

6. 客人损坏餐用具后的处理

宴席服务中个别客人或带小孩的客人打坏餐具、茶具或酒具，服务员应迅速到场，请客人不必惊慌介意。

主动快速擦拭桌面、清理残缺餐具、换上新的餐具。

服务热情、耐心，不使客人难堪。其费用按饭店规定处理，并向客人说明。

二、客人投诉的处理

在宴席过程中，难免会发生一些预料不到的问题，以致遭到客人的投诉，妥善地处理这些突发事件，解决客人的投诉问题，不仅能使宴席活动顺利圆满地完成，还能增进宴会厅与宴席主办单位的感情，为下次宴席销售的成功打下良好基础。处理客人投诉的方法如下：

1. 要虚心听取客人的意见

为了很好地了解客人所提出的问题，宴席组织者必须认真听取客人的诉说，听的时候要目视客人，并点头示意，如有必要还应适当地做一些记录，以使客人感到他们的意见受到了重视。对于那些火气很大的客人，要让他有机会发泄一下不满，千万不要与他们争辩。

2. 表示同情和歉意

首先你要让客人理解，你是非常关心他所遇到的问题，要不时地向客人表示同情，如“我们非常遗憾”，“非常抱歉地听到此事”、“我们理解您现在的心情……”、客人到餐厅无非是想通过就餐获得享受，他们的投诉恰恰反映出在享受中的不满足，因此道歉是必要的。

3. 满足客人的要求并采取相关措施

当你能弥补服务上出现的过错时，你应该明确地告诉客人，你将要采取什么样的措施，并且尽可能地让客人对你的决定表示认同。如“我将按照您的要求做，您看行不行？”这样你才有可能平息客人的不满，使之变抱怨为满意。

4. 要及时感谢客人的批评指教

客人对餐厅的投诉，是客人对酒店接待工作的关心，对宴会厅存在良好愿望的一种表示。假如客人遇到不满的服务或不符合质量要求的菜肴，不向宴会厅投诉，而是告诉其他客人或朋友，那失去的将不仅是一个客人，而是一群顾客，严重的甚至会影响到饭店的宴会声誉和宴会经营。所以，当客人批评、投诉的时候，不仅要表示真诚的欢迎，而且要感谢客人。

5. 检查改进措施的落实

首先确保改进措施的落实，让投诉的客人感到他的投诉起到了明显的作用。然后再次征求客人的意见，询问客人的满意程度。许多对酒店有好感的客人，是因为提过意见被采纳而且是见了成效后，才建立起对酒店的信任感的，因为绝大多数客人是通情达理的，酒店方面的虚心、诚实、勇于改进缺点的精神，是会赢得客人好评的。

复习思考题

1. 宴席成本控制有哪些方法与具体措施？
2. 宴席菜单设计有哪些质量标准？
3. 宴席服务的质量控制分哪几个阶段？有何要求？
4. 宴席接待与服务过程中的投诉处理有哪些方法？
5. 简述中式宴席服务的质量标准。

模块九

特种餐菜品与菜单设计

学习目标

- 掌握火锅菜品与菜单设计中的特点、要求及方法
- 掌握自助餐的种类、特点及菜单与菜品设计的方法
- 了解鸡尾酒会与自助餐菜单与菜品在设计和菜肴制作中的区别
- 掌握客房送餐菜单与菜品设计的特点、要求及方法

特种餐菜单，就是根据人们的饮食方式及饮食对象的特殊要求而设计的菜单。餐饮企业为了满足一部分消费群体求新、求特、求奇的饮食需求，推出各类特种菜品来吸引广大顾客。这对餐饮企业增加服务项目、提高收入、促进企业发展有着积极的意义。

常见的特种餐菜单，有火锅菜单、自助餐菜单、鸡尾酒会菜单、客房送餐菜单等。这些特种餐的推广，深受广大顾客的欢迎。

任务一 火锅菜品与菜单的设计

火锅，是炉、炊、餐具三位一体的食具。由于使用方便、气氛热烈，历来都受到广大消费者的青睐。

一、火锅的种类

火锅在全国各地广泛流行，种类较多，各具特色，常见的火锅可分如下几大类：

（1）按火锅组成结构来区分：有单体火锅、分体火锅、鸳鸯火锅、三格火锅、四格火锅、五格火锅、八格火锅、多格火锅、各客火锅等。

（2）按火锅使用的燃料来区分：有木炭火锅、煤炭火锅、液化气火锅、酒精（包括固体酒精）火锅、电火锅、甲烷（包括天然气）火锅、煤油火锅等。

（3）按火锅制作材料来区分：有铜火锅、不锈钢火锅、陶瓷火锅等。

（4）按火锅经营的形式来区分：有自助餐火锅、零点火锅、套餐火锅等。

（5）按火锅所用原料来区分：有毛肚火锅、泡菜火锅、菊花火锅、药膳火锅、鱼头火锅、酸菜鱼火锅、肥肠火锅、甲鱼火锅、海鲜火锅、三鲜火锅、豆花火锅、风鸡火锅、羊肉火锅、肥牛火锅、全素火锅、四喜火锅、什锦火锅等。

（6）按火锅调料的口味来区分：有白汤火锅（咸鲜味）、红汤火锅（麻辣味）、鸳鸯火锅（一边白汤，一边红汤）、三味火锅（白汤、红汤、酸辣汤）、咖喱火锅、奶酪火锅等。

二、火锅菜品的特点

1. 原料使用广泛

火锅菜品设计通常以已加工好的生鲜原料为主要内容，根据火锅的品种，可选择各种动植物加工制品原料作为火锅菜肴的主要原料，如动物类原料有牛、羊、猪、鱼、虾、蟹、贝类、鸡、鸭、鹅、鸽子、鹌鹑及一些野味等；植物性原料有大白菜、青菜、萝卜、茭白、丝瓜、黄瓜、番茄、包菜、菠菜、百合、芹菜等；加工制品原料有豆腐、百叶、茶干、粉丝、粉皮、腐竹、香肠、鱼圆等。凡是能用于制作菜肴的原料几乎都能用作火锅主料。所以，设计火锅菜单时，应充分利用火锅用料广泛的特点，满足不同人群的饮食需求，如南方人喜食鱼、虾蟹、贝类等；北方人喜食牛、羊、猪、禽类；伊斯兰教信徒不吃猪肉，佛教徒有些喜食素食等。可以根据顾客的职业、年龄、民族、宗教信仰、身体状况及饮食习惯，设计出不同的菜单。

2. 汤料富有变化

火锅菜品除主要原料外，汤料（含火锅底料，称底汤）也十分讲究。不同的汤料有着不同的口味，如红汤（麻辣汤），用浓汤与辣椒、豆瓣、豆豉、冰糖、精盐、黄酒、多种香料等熬制而成；白汤，又称咸鲜汤，用老母鸡、肥鸭、猪蹄或猪骨头、火腿、肘子、猪瘦肉、葱、姜、料酒、精盐等熬制而成；还有各种咖喱汤料、奶酪汤料、酸辣汤料、药膳汤料、鱼香汤料、怪味汤料等，加上各种蘸料味碟，使口味更富有变化。所以，根据汤料这一特点，在设计火锅菜品时，可根据顾客口味，设计出不同的汤料，使火锅的菜肴口味更加丰富。

3. 顾客自烹自食

火锅菜品原料、汤料以及蘸料味碟，由顾客根据自己的饮食爱好，自行调味，自烹自吃。根据火锅这一特点，在设计菜品时，可根据不同的地区、不同的季节、不同的饮食对象设计出品种多样、口味多变、营养丰富的火锅菜品，使顾客在就餐的同时享受到自己动手、满足口福的情趣。

4. 经营灵活多样

火锅菜品的设计不但可以以商务客人为主要的服务对象，而且可以面向广大的工薪阶层。因为火锅所用原料广泛，可高可低，服务比较简单，烹调设备投资相对要少，因此，生产成本相对较低。根据这一特点，餐饮企业可根据餐厅的装饰档次，一方面提供一些高档原料如山珍海味、生猛海鲜，满足高消费人群的饮食需求；一方面将目标市场转向广大的工薪阶层，设计一些价廉物美、经济实惠的火锅菜品。在经营方式上，可以按每人费用包餐的形式，提供各种原料，由客人自助食用，也可以零售形式对每一品种明码标价，由客人根据自己的饮食爱好现点现烹调。

三、火锅菜品的设计要求

在设计火锅菜品时，不但要根据火锅的特点加以研究、掌握其中的规律，还要根据顾客的饮食需求，在菜品设计中做到原料新鲜、汤料正宗、蘸料丰富、操作安全等。

1. 原料要新鲜

火锅菜品所提供的原料往往是已经加工好的生料或成品与半成品，如果是自助餐火锅，这些原料直接展示在餐厅中，由顾客自选，再放入火锅中烫熟食用。所以，凡是自助餐火锅所提供的原料必须要新鲜卫生，无泥沙，无污染物，否则，顾客在烫涮时消毒不彻底，很可能会引起食物中毒。

2. 汤料要正宗

火锅菜品的滋味在很大程度上取决于火锅的底料与汤料。所以，在设计火锅汤料（含底料）时，必须严格按标准办事，做到各种配料的比例要恰当，操作程序、方法要正确，不可随心所欲，忽多忽少，只有这样，火锅汤料（含底料）的口味才能始终如一、醇厚正宗。

3. 蘸料要丰富

火锅菜品，除正确选择主料，认真制作汤料（含底料）外，蘸料也是很重要的一环。蘸料味碟是火锅菜品不可缺少的部分，也是决定火锅口味变化的关键，所以在加工蘸料味碟时，品种要多，口味要好，常见的有蒜泥味碟、辣油味碟、麻油味碟、辣酱味碟、韭菜花味碟、酸醋味碟、麻酱味碟、美极味碟等。

4. 火锅要安全

火锅的菜品设计最重要的是注意火锅在使用中的安全，因为火锅所用的燃料各不相同，有用液化气、煤气、汽油、酒精等易燃易爆原料的，有用木炭、煤炭等易污染的燃料的，有用电来加热的。这些燃料一旦使用不当，容易危及顾客的人身安全，所以，最好选用最安全的燃料，防止伤害顾客，同时还要注意火锅汤汁不宜太多，火焰不宜太大，以防烫伤顾客。

四、火锅菜单的设计方法

火锅菜品的种类很多，现主要从餐饮企业经营的形式来研究自助餐火锅与零点火锅的菜单设计方法。

（一）自助餐火锅菜品设计方法

1. 自助餐火锅菜品设计的内容

自助餐火锅菜品的设计，一般以一种或多种原料来确定火锅的主题，如海鲜火锅、小肥羊火锅、肥牛火锅、药膳火锅等，但其主料必须突出火锅主题，其他原料可根据收费标准确定。原料可提供高档原料，也可提供一般化的原料，如海鲜原料、河鲜原料、家禽原料、蔬果原料、加工制品原料等。

2. 自助餐火锅菜品设计中的注意事项

（1）注意确保火锅主料的质量。火锅主料每餐提供多少数量主要根据就餐人数来决定，人数多，原料的品种和数量相应要多一些，人数少，原料数量与品种适当少一点。一般来讲，自助餐火锅需提供 40 ~ 60 种品种，原料的品质的高低，主要看费用标准，标准高，原料品质就高一些，标准低，原料的品质可低一些。如提供高档原料或单价偏高的原料，不宜一次性全部搬进餐厅，应当分时分批供应。这样做，一是控制数量，避免先到餐厅的顾客可以享受这些原料，而后来餐厅就餐的顾客吃不到这些高档原料；二是防止这些高档原料一次性放入餐厅因就餐者多、餐厅温度高，原料容易吹干变质。

（2）注意火锅原料色、香、味、形的和谐。火锅主料一般多达几十种，蘸料味碟达到 20 多种，怎样使火锅所有原料在色、香、味、形等方面达到理想的效果，最主要是在设计菜品时，要注意多种原料搭配和谐，如原料有荤有素，色泽五颜六色；蘸料味碟多滋多味，形状各色各样；装盘的造型千姿百态，使这些原料一旦展示在餐厅，就能增加人们的食欲，吸引更多的顾客来就餐。

（3）注意客人的不同饮食爱好。因地区不同、生活习惯不一，饮食习惯也各不相同，如有些人喜食山珍海味、生猛海鲜，有些人喜食鸡、鸭、鱼、肉、蔬菜制品，有些人喜欢有刺激性的麻辣等口味，有的喜欢口味平和的咸鲜味等。因此，在设计菜单时，要根据本地区的饮食习惯和目标客人的生活习惯，按饮食标准及饮食爱好，尽量安排一些美味可口的菜肴。

3. 自助火锅菜单实例

某餐厅自助淡水产品为主的火锅菜单

（88 元 / 位，另收座汤 10 元）

汤料（又称座汤）：

红汤　白汤　酸菜汤　咖喱汤

水产类：

活江虾　鳗鱼片　鳜鱼条　鲇鱼丁　甲鱼块　乌鱼片　鲃鱼　银鱼　鲢鱼头　泥鳅　江蚬　田螺　螃蟹　鱼丸　虾丸

畜禽类：

羊肉片　牛柳　猪肉丝　猪腰片　鸡片　鸭掌　猪肝片　鹌鹑蛋　牛百叶　肉丸

蔬菜类：

香菇　平菇　猴头菇　金针菇　木耳　银耳　菠菜　大白菜　青菜　荠菜　生菜　豆腐　粉丝　粉皮　腐竹

面食类：

荠菜水饺　面条　小馄饨　藕粉圆子　河粉　米饭

瓜果类：

香蕉　橘子　西瓜　哈密瓜　樱桃　番茄　猕猴桃

（二）零点火锅菜品设计方法

1. 零点火锅菜品设计内容

零点火锅菜品设计的内容，与一般零点菜品有很多相似之处，但其主料大多数是加工的生料及半成品制品直接供客人选用。零点火锅菜品的种类与自助餐火锅种类也差不多，其区别在于每一主料都明码标价，便于顾客根据自己的消费水平，自由选择自己喜食的原料。

2. 零点火锅菜品设计中的注意事项

（1）每种主料必须准备充足。零点火锅菜品一旦确定，各种原料必须都要准备好，尤其对一些顾客喜食的原料更要准备充分，因为每餐的零点顾客来餐厅就餐的人数很难确定，他们喜欢哪些原料也不易估计，所以，只有各种原料准备充分，才能保证正常供应。

（2）成本核算要正确。零点火锅所提供的每一种原料都要精心核算，如对各种肉类、水产类、蔬菜类等各种原料的采购价格、拆卸率、净料率要了如指掌，每种原料的毛利率、售价要明确，火锅的底料、汤料及蘸料味碟的成本均要核算准确，才能保证餐饮企业的正常盈利，并维护消费者的利益。

3. 零点火锅菜单实例

（1）某餐馆零点火锅菜单实例

动物性原料：

名称	售价（元/两）	名称	售价（元/两）
薄片羊肉	2.00	鱿鱼	2.00
牛柳	3.00	鱼丸	2.00
腰片	2.00	虾丸	2.00
猪肝	2.00	肉丸	2.00
牛百叶	2.00	毛蟹	3.00
鸡片	2.00	鳝鱼片	2.00
鸭肫片	2.00	青鱼片	2.00
黑鱼片	2.00	鱼块	2.00
猪肉丝	2.00	鳜鱼片	3.00
猪肉	2.00	田螺	2.00

植物性原料：

名称	售价（元/份）	名称	售价（元/份）
香菇	2.00	豆苗	2.00
金菇	2.00	青菜	2.00
蘑菇	2.00	大白菜	2.00
绿豆芽	2.00	菠菜	2.00
黄豆芽	2.00	丝瓜	2.00
豆腐	2.00	番茄	2.00
腐竹	2.00	黄瓜	2.00
木耳	2.00	花菜	2.00
银耳	2.00	茼蒿	2.00
生菜	2.00	藕	2.00

汤料：

名称	售价（元/份）
红汤	10.00
白汤	10.00
酸辣汤	10.00

（2）某餐馆零点药膳火锅菜单实例

汤料：

名称	售价（元/份）	名称	售价（元/份）
人参乌鸡汤	30.00	山药野鸡汤	35.00
黄芪羊肉汤	30.00	虫草野鸭汤	35.00
天麻乌鱼汤	35.00	当归牛尾汤	35.00
枸杞龟鳖汤	70.00	海马鸽子汤	40.00

海鲜类：

名称	售价（元/份）	名称	售价（元/份）
墨鱼片	25.00	鲜贝	20.00
基围虾	50元/250克	青口贝	20.00
八爪鱼	20.00	海螺片	30.00
象鼻蚌	40.00	鳗鱼片	20.00
文蛤	18.00	鲈鱼片	20.00

河鲜类：

名称	售价（元/份）	名称	售价（元/份）
活河虾	20.00	青鱼片	10.00
黑鱼片	20.00	毛蟹	30.00
鳝鱼片	25.00	鱼丸	20.00
鳜鱼片	30.00	虾丸	25.00
银鱼	20.00	田螺	20.00

禽肉类：

名称	售价（元/份）	名称	售价（元/份）
山鸡片	25.00	牛百叶	10.00
野兔片	25.00	猪腰片	20.00
鸵鸟片	25.00	猪肉片	15.00
野鸭片	25.00	鸭掌	15.00
牛肉片	20.00	羊肉片	20.00

蔬菜类：

名称	售价（元/份）	名称	售价（元/份）
青菜	6.00	鲜蘑	8.00
大白菜	6.00	猴头菇	8.00
菠菜	6.00	金针菇	8.00
菊花脑	6.00	木耳	8.00
香菜	6.00	粉丝	8.00
平菇	8.00	豆腐	6.00

面食类：

名称	售价（元/份）	名称	售价（元/份）
青菜水饺	10.00	白米饭	2.00
云吞	10.00	八珍血糯饭	3.00
面条	10.00	什锦炒饭	3.00

五、制作火锅菜肴的注意事项

火锅菜肴与普通菜肴在制作上有很大的区别，火锅菜肴只是将主料加工后，配上适量汤料及蘸料味碟，直接由顾客自烹自调。所以，火锅菜肴的制作有其特殊要求。

1. 原料加工制作要求

火锅菜肴原料的加工、切配十分讲究，所有原料的加工、切配，要符合火锅烹调的要求，一是原料必须要新鲜卫生，防止将不符合卫生要求的有毒动物、植物原料用于火锅，否则易食物中毒。二是切配的原料尽量少骨无筋，形状不宜太大或太小，因为原料放火锅中加热，太大了不易成熟，太小了不便顾客取食。

2. 制作汤料（底料）要求

火锅汤料（底料）制作的优劣，直接关系火锅菜肴的口味，在制作中应掌握如下要领：

（1）要洗净香料及辣椒外表上的灰尘。一般香料及辣椒外表均粘有灰尘，一定要用清水快速洗干净，否则汤中有“灰尘味”。

（2）要正确掌握火候。在制作汤料时，一般都把各种香料炒香，便于香味和色素渗出，但在炒制时火力不宜太大或太小，火力太大，易焦煳，火力太小，香味和色素等不易分解。一般以中火为好。

（3）要正确掌握各种配料的比例。在制作汤料时，放入的各种香料数量比例要恰当，香料的品种和数量不宜放得太多，多了，汤中易产生苦涩味（中草药的味道），影响汤的口味；少了，汤汁不香，汤色不正。

3. 制作蘸料味碟要求

蘸料味碟是食火锅菜不可缺少的一部分，它可以起到调节口味、增加香味、增进食欲的作用，在制作中要注重如下几点：

（1）注重蘸料每天制作的数量。蘸料味碟的品种很多，但每次制作的数量不宜太多，多了会导致放置的时间太长，容易变质变味而造成浪费，最好当天制作，当天用完。

（2）要注重蘸料制作的研究。对每一种味型都要加以研究，其比例关系、顾客的喜爱程度等，及时调整味型。如辣酱味碟，在中西部地区辣味可浓一些，在东部地区辣味可淡一些。同时，要根据目标顾客的饮食爱好及口味，多制作一些味型，以满足不同顾客的口味要求。

（3）要注重蘸料的保管方法。每个品种无论是展示在餐厅或放置在厨房中，均必须加盖，防止灰尘及苍蝇虫鼠侵入，影响卫生。同时，每天对多余的蘸料必须清理后加盖放入冷藏仓库或冰箱中保管，对一些即将变质的蘸料应及时清理掉，不可再用。

任务二

自助餐菜品与菜单的设计

现在有许多大型酒店与餐饮企业设计出各种各样的自助餐来招徕顾客，因其就餐形式比较自由，不需要传统的餐桌礼仪而深受大众的欢迎。

一、自助餐的种类

自助餐因安排灵活、自由轻松、节俭实惠，被饮食业广泛采用，并创造出形式多样的自助餐，大体分为如下几种：

（1）按自助餐的餐别来划分：可分为早餐自助餐、中餐自助餐、晚餐自助餐、夜宵自助餐等。

（2）按自助餐的档次来划分：可分为经济自助餐、普通自助餐、高档自助餐（含自助餐宴会）等。

（3）按自助餐的主要原料来划分：可分为海鲜自助餐、江鲜自助餐、农家菜自助餐、山珍海味自助餐、牛羊肉自助餐等。

（4）按自助餐的国别来划分：可分为法国菜自助餐、意大利菜自助餐、泰国菜自助餐、俄罗斯菜自助餐、日本菜自助餐、巴西菜自助餐等。

（5）按自助餐的烹调方法来划分：可分为烧烤自助餐、火锅自助餐、铁扒自助餐、炖焖自助餐等。

（6）按自助餐的风味来划分：可分为中餐自助餐、西餐自助餐、中西混合自助餐等。

二、自助餐菜品的设计特点

1. 菜品多种多样

自助餐菜品的多少一般根据就餐人数的多少、自助餐风味等因素来决定，多者 100 多种，少者也有 20 ~ 50 多种，但菜品必须丰富多彩，如中、西混合自助餐，有冷菜类、沙律类、热菜类、烧烤类、面食类、甜羹类、水果类、主食类、饮料类等。而这些菜品在顾客用餐前将全部展示在餐厅内。为了增加场面的隆重气氛，往往用一些大型的食品雕刻，如冰雕、黄油雕、瓜果雕，以及水果、鲜花、餐具及其他艺术品来装饰桌面，使自助餐的菜品展台色彩缤纷、富丽堂皇，给顾客留下深刻印象。

2. 标准可高可低

自助餐的规格标准多种多样，有的用于便饭，面向大众，每位每餐就餐标准几十元；而一些重大的招待会、特色宴会、商务宴会等自助餐，就餐标准每位每餐多达上百元或几百元。由于用餐费用标准不统一，菜肴的品种差别也很大：高档自助餐有山珍海味、生猛海鲜、禽蛋畜肉，各种时蔬等菜品，丰富多彩；而经济型、普通型的自助餐，用各种水产类、禽蛋类、畜肉类、蔬菜类等原料制成菜肴，同样要求品种繁多、口味多样、色彩鲜艳。但可根据用餐费用的标准，在原料的贵贱、环境装饰、桌台的布置等方面有一定的区别，使客人感到物有所值。

3. 规模可大可小

自助餐的规模一般在 50 ~ 500 人，多者可达 1000 多人。它最大的特点是因餐厅不设固定的席位，灵活性较强，如对客人人数预计不准的情况下，一般对饮食供应的数量、餐厅的空间和座位数的影响不大。餐饮企业可根据自助餐的规模，对菜肴的制作、餐厅的布置提前准备，各种菜品在开餐前可一起上桌，不必像传统的宴席一定要按上菜的顺序进行。

4. 形式自由自在

自助餐的就餐形式具有不排席位、自我服务、自由取食、随意攀谈等方面的特点，打破了传统的就餐礼仪，客人可多次去菜品展台取食，挑选自己最喜食的菜品。这种就餐形式有利于客人进行社交活动，有利于餐厅企业加强管理，降低经营成本。

三、自助餐菜单与菜品的设计要求

自助餐菜单设计不但要根据自助餐的特点与风味，还要根据就餐的规模与标准等多方面的因素来设计菜单。

1. 要选准菜肴品种

自助餐设计主要根据自助餐的规模、档次、风味、标准及主客双方的要求来设计，一般均选用大批生产且放置时间较长后，菜肴的色、香、味、形变化较小的菜品，热菜尽量选用能加热保温，而且可以反复加热的菜肴。

同时，在确定自助餐菜品时，要根据自助餐就餐人数多、消费群体广的特点，尽量选用较大众化、大家均能接受喜食的食品，避免选用口味过分辛辣刺激、太甜、太酸、太苦或造型很怪异的菜品。

2. 要突出菜品风味

自助餐设计必须要突出菜品的风味，不同的自助餐有着不同的特色。如外国自助餐有法国、意大利、瑞士、荷兰、俄罗斯、日本、印度、泰国、巴西、土耳其等不同的风味特色，我们可以根据不同国家的特征来装饰餐厅，陈列食品，播放不同国家的音乐，营造出不同国家的就餐氛围，这样会收到很好的效果。又如，中式自助餐也有江苏风味、广东风味、四川风味、山东风味、上海风味、北京风味等自助餐。另外，以突出原料为主的自助餐，有山珍海味自助餐，河鲜自助餐，野味自助餐，全羊，全鸭自助餐等。

还有在许多大型酒店及餐饮企业广泛采纳的中西混合式自助餐，其菜品中西结合，餐台布置土洋结合，就餐形式中外结合，既吸收了国外一些先进的饮食文化，又突出我国的饮食风格。

3. 要控制菜品数量

自助餐的菜品数量控制十分重要。如果菜品数量安排过多，很可能造成浪费，影响成本核算；反之，菜品数量安排太少，就会造成顾客吃不饱的现象。一般来讲，以每人 500 克左右净生料准备为宜。例如某一餐馆有 500 人参加的一个自助餐宴会，各种菜品的生净原料加起来要达到 250 公斤左右，所用的原料贵贱和荤素的比例，应按自助餐标准来调配。同时，有些菜品制作后，不应全部装盘上桌，要留有余地，待客人进餐时，看哪一种菜肴顾客最喜欢，吃得最快，就要作必要的添加，这样既控制了菜品的数量，又保证菜肴的供给。

4. 要讲究菜台布置

菜台的设计直接关系自助餐的档次，它是吸引顾客的关键。为了增加气氛，在餐台的布置上宜用大型的食品雕刻、花卉及其他工艺制品来装饰，同时，对一些有特色的菜肴如“烤乳猪”、“烤鸭”，可由服务人员在餐厅进行客前配餐表演，增加就餐气氛，再播放一些快乐高雅的音乐，使自助餐的氛围更加浓厚。

四、自助餐菜品的设计方法

许多餐饮企业为了适应不同层次客人的需要，根据预计目标客人所喜欢的菜品类别，设计出不同档次、不同餐别、不同价格、不同风味的自助餐菜品。

（一）自助餐菜品的设计内容

自助餐菜品的设计主要根据用餐的费用标准、人数、主题、菜品的风味等因素来决定，主要有如下几种：

1. 中式自助餐菜品

一般分冷菜类、热菜类、汤类、面点类、甜羹类、水果类、饮料类等。

（1）冷菜类。中式冷菜一般安排 6 ~ 30 种，如白斩鸡、盐水虾、五香熏鱼、茶叶蛋等。有时为了装饰台面还拼摆几个艺术拼盘，如龙凤呈祥、百花齐放等。

（2）热菜类。自助餐的热菜一般安排 4 ~ 15 种，原料一般以鸡、鸭、鱼、虾、蟹、蔬菜等原料制成，如炸鸡块、烤鸭、咕咾肉、脆皮鱼条、椒盐大虾、蚝油生菜等。

（3）汤类。一般安排 2 ~ 4 种，如火腿冬瓜汤、山药鸡块汤、海带排骨汤等。

（4）面食类。一般安排 2 ~ 8 种，如豆沙包、炸春卷、菜肉水饺、窝窝头等。

（5）甜羹类。一般安排 2 ~ 4 种，如红枣桂圆、桂花芋头、橘子西米羹等。

（6）水果类。一般安排 2 ~ 6 种，如香蕉、橘子、苹果、葡萄等。

（7）饮料类。一般安排 2 ~ 6 种，有中国绿茶、豆浆、各种果汁等。

2. 西餐自助餐菜品

一般分汤类、冷盘类、沙律类、热盆类、客前烹制类、甜品与西饼（面包）类、水果类、饮料类等。

（1）汤类。一般安排 1 ~ 4 种，如炖牛尾清汤、海鲜浓汤、罗宋汤等。

（2）冷盘类。一般安排 2 ~ 8 种，如烤牛肉片、法式鹅肝、烟熏鸡胸、密瓜卷（放在小镜盒上）等。

（3）沙律类。一般安排 2 ~ 6 种，如龙虾沙律、海鲜沙律、鲜什果沙律等。

（4）热盆类。一般安排 6 ~ 15 种，如红酒煨牛腩、洋葱烩猪蹄、甜酸排骨、扒葡式辣鸡等。

（5）客前烹制类。一般安排 1 ~ 3 种，如新西兰牛柳、扒鲜大虾等。

（6）甜品与西饼（包括面包）类。一般安排 4 ~ 10 种，如吉士布丁、拿破仑饼、法式餐包等。

（7）水果类。一般安排 2 ~ 6 种，如西瓜、菠萝、香蕉、荔枝等。

（8）饮料类。一般安排 2 ~ 6 种，如牛奶、啤酒、咖啡、橙汁等。

3. 中西混合自助餐菜单

中西混合自助餐菜单是为满足中外客人共同用餐的饮食需求，吸取中西饮食文化的优点而设计的，一般安排冷菜类、小吃类、沙律类、热菜类、客前烹调类、面食类、汤类、甜羹类、水果类、饮料类等。

（1）冷菜类。一般安排 6 ~ 20 种，有盐水鸭、油爆虾、鲜果拼鸳鸯卷等。

（2）小吃类。一般安排 6～20 种，有椒盐花生米、炸臭豆腐干、蒸芋头、美国芝士饼、脆炸鲜鱿圈等。

（3）沙律类。一般安排 2～6 种，如虾仁沙律、蔬菜沙律、河鲜沙律等。

（4）热菜类。一般安排 6～12 种，如海鲜西兰花、蒜茸沙丁鱼、黑椒汁牛排、炸土豆条等。

（5）客前烹调类。一般安排 2～4 种，如叉烧乳猪、扒鲜大虾等。

（6）面食类。一般安排 2～10 种，如朱古力花球、曲奇饼、三丁包子等。

（7）汤类。一般安排 2～4 种，如乌骨鸡双冬汤、鲜菇汤、番茄汤等。

（8）甜羹类。一般安排 2～6 种，如栗子布丁、桂花元宵、冰糖哈士蟆等。

（9）水果类。一般安排 2～6 种，如哈密瓜、香蕉、荔枝等。

（10）饮料类。一般安排 2～6 种，如啤酒、牛奶、咖啡、绿茶等。

（二）自助餐设计的注意事项

1. 要了解宾客的组成情况

在设计各种自助餐之前，必须要了解自助餐的主题及客人的组成，有些是招待会自助餐，有些是商务宴会自助餐，还有的是一般性便饭自助餐。由于自助餐的主题不同，就餐者有很大的区别，有些自助餐外国人很多，有些自助餐中国人很多；在自助餐的规模上也有很大差别，多者几百人，少者几十人。所以，在设计菜单时，要视宾客及用餐标准等情况来确定自助餐的风味、菜品结构及数量。

2. 要注重装盘的艺术性

在设计菜单时，对每一道菜点及水果等都要讲究造型及装饰。盛器不要太单调，可选用各种陶瓷器具、玻璃制品、竹器、漆器、各种自助餐保温设备等来盛装，在造型上可摆成各种几何形、图案形、卡通形等，在色彩上要鲜艳夺目，在摆放上要错落有致，加上各种食品雕刻、花卉及艺术的点缀和灯光的烘托，使自助餐的菜台富有很高的艺术性。

3. 做好菜肴的成本核算

要根据就餐者的费用标准，认真做好每个菜肴的成本核算工作。因为自助餐菜肴品种多、原料复杂，如果忽视了成本核算，很可能造成企业亏损或损害顾客的利益，所以，在设计自助餐菜单时，要做到大料大用、小料小用、下脚料综合利用，同时，对自助餐多余的菜肴要妥善保管，合理使用，以降低成本，有利于企业的经营与发展。

（三）自助餐菜单设计实例

实例 1：某酒店中式自助餐菜单

冷菜类：

盐水鸭、油爆虾、五香牛肉、卤水鹅掌、蝴蝶鱼片、凉拌海蜇、白斩鸡、辣白菜、蒜泥黄瓜、卤冬菇、红油莴苣、咖喱冬笋。

热菜类：

椒盐基围虾、咕咾肉、蘑菇烩鸡条、红烧牛筋、烤乳猪、京都羊排、脆皮鱼条、开洋萝卜条、蚝油生菜、大煮干丝、面拖花蟹、草菇鸭舌。

汤类：

木耳鱼圆汤、山药无骨鸡汤、排骨冬瓜汤。

面食类：

素菜包子、水饺、炸春卷、枣泥拉糕、三鲜炒面、烧卖、扬州炒饭、山芋煮饭。

甜羹类：

桂花元宵、橘子西米、冰糖银耳。

水果类：

橘子、香蕉、西瓜、猕猴桃、葡萄。

饮料类：

橙汁、牛奶、可口可乐、中国绿茶。

实例 2：某酒店西式自助餐菜单

（200 人，每位 120 元，含酒水 15 元）

汤类：

法式洋葱汤、乡村浓汤、海鲜浓汤。

冷盘类：

烤牛肉片、巴玛腿密瓜卷、烟熏鳟鱼、鲜虾多士、西芹丝、番茄、黄瓜、生菜、胡萝卜丝。

沙律类：

龙虾沙律、什肉沙律、土豆沙律、华杜夫鸡沙律、什菌沙律。

热盆类：

法式焗生蚝、德式煎猪排、意大利烩海鲜、香草烤羊排、香茅鸡、炸鱿鱼、红酒煨牛腩、烤鳕鳕鱼、咖喱蟹、香橙鸭、土豆球、什锦花菜、沙丁鱼、沙嗲串、煎三文鱼。

客前烹制类：

烤乳猪、扒鲜大虾、三鲜意大利面。

甜品与西饼（包括面包）类：

焦糖格士、水果挞、杧果芝士蛋糕、美国芝士饼、面包布丁、泡芙、巧克力沙勿来、黑森林蛋糕、水果冻、各种面包。

水果类：

香蕉、菠萝、荔枝、西瓜、杧果、猕猴桃、葡萄。

饮料类：

啤酒、咖啡、橙汁、柠檬茶、牛奶。

实例 3：某酒店中西混合自助餐菜单

（400 人，每位 150 元，含酒水 15 元）

冷菜类：

酱鸭、白斩鸡、五香牛肉、肴肉、油爆虾、蝴蝶鱼片、葱油海蜇、茶叶蛋、羊糕、冻烧西冷牛排、巴玛腿密瓜卷、泡藕、蒜泥黄瓜、辣白菜、酸辣莴苣、油焖冬笋、脆鳝、卤冬菇、麻辣毛豆。

小吃类：

酸黄瓜、山楂片、桂皮花生、梅子、炸臭干、蒸芋仔。

沙律类：

龙虾沙律、田园沙律、杂肉沙律、意面沙律、什菌沙律、苹果鸡沙律。

热菜类：

香炸虾球、烤鸭、铁扒牛肉、京都排骨、咕咾肉、脆皮鱼条、咖喱鸡块、烤羊肉串、干烧鳕鱼、炸鹌鹑、草菇菜心、椒盐土豆条、开洋花菜、麻辣兔肉、大煮干丝、干贝西兰花、蒜茸沙丁鱼、豉油乳鸽。

客前烹调类：

烤乳猪、扒鲜大虾、片皮烤鸭。

面食类：

荠菜肉包、糯米烧卖、方糕、窝窝头、藕粉圆子、泡芙、巧克力莫士饼、水果挞、苹果排、水饺。

汤类：

冬瓜排骨汤、酸辣汤、枸杞牛腱汤、法式洋葱汤。

甜羹类：

冰糖银耳、桂花糖芋艿、桂圆金橘羹、橘子西米羹。

水果类：

香蕉、哈密瓜、西瓜、芦柑、葡萄、苹果。

饮料类：

啤酒、咖啡、酸奶、绿茶、西瓜汁、黄瓜汁。

五、制作自助餐菜肴的注意事项

自助餐菜肴有品种多、数量大、要求高等方面的特点，在制作中各方面人员必须各负其责、互相协作，方能完成自助餐菜肴制作任务。

（一）准备须充分

在菜肴制作过程中，必须作充分的准备，从原料的加工、腌渍、切配到烹调、装盘，都要有计划、按程序进行。如自助餐冷菜制作的数量很多，有些冷菜必须提前几天腌渍，所以对每一种菜肴所需的数量估计要准确，尤其在切配、烹调过程中，更要胸中有数，不能有的菜肴偏多，有的菜肴偏少，造成自助餐刚开始时，菜台上品种很丰富，到后来却出现缺菜、少品种的情况。但又不能太多，造成浪费。

（二）制作须讲质量

自助餐因量大面广，制作时间又相对集中，要使每个菜肴的色、香、味、形都达到应有的质量，必须按规范操作。冷菜可预先制作，预先装盘，但不可提前太早而影响菜肴的口味和色泽；有些炖、焖、烩的菜肴可提前烹调，放入自助餐保温盛器中保温；而对一些炒、爆、熘、炸等方面的菜肴，不可烹制太早，只能在开餐前集中烹调，及时放到菜台上，尤其对一些绿叶蔬菜，只能勤炒快上，保证菜肴在色泽、口味、质地等几方面均不受影响。

（三）操作须讲究卫生

1. 原料必须洗涤干净

每种菜肴原料在加工、洗涤时绝不能马虎，一定要把原料中的泥沙、虫卵清洗干净，凡是不能食用的原料必须除尽。

2. 冷菜制作必须严格把关

在操作时一定要做到生熟分开，各种用具、餐具要严格消毒，装盘后的冷菜必须用保鲜纸封好，低温保存，防止苍蝇、灰尘侵入及变质。超过保鲜期的冷菜必须重新加热处理，对已变质的冷菜应及时处理掉。

3. 初步熟处理的原料必须及时加热成熟

初步熟处理的原料因为内部还没有完全成熟，如果堆放时间太长，最容易造成细菌繁殖，原料变质，一旦给客人食用，很可能造成集体食物中毒，特别春、夏、秋季节更要注意。所以，对一些初步熟处理的原料应及时加热成熟。

4. 剩余的菜肴必须妥善保管

制作的自助餐菜肴，往往有剩余，有些菜肴可以再次食用，在保管时要等这些菜肴冷却后分类放入冷藏库保存，千万不能在菜肴温度还很高时就放入冰箱或冷藏库中，这样容易造成菜肴变质。同时，还要注意对剩菜肴加盖或用保鲜纸封存，防止冰箱水及其他物质侵入。

任务三

鸡尾酒会菜品与菜单设计

鸡尾酒会是欧美社会一种传统的宴请活动形式，以供应鸡尾酒（用1～2种烈酒加入其他果汁及调和料而成）为主，配备一定数量的小吃、点心及冷菜等。这种酒会比较轻松活泼，随便自由，便于人们广泛地接触交谈。

一、鸡尾酒会的特点

1. 站立进餐，气氛活跃

鸡尾酒会一般不设主宾席，不设坐椅，只在餐厅的周边设少量的桌椅，为年老者或自愿落座者使用。大多数客人都站立进餐，随便走动，与会者不分高低贵贱，可以广泛交际，自由选择自己喜食的酒水和食品，气氛热烈而不拘束。

2. 形式灵活，不拘礼节

鸡尾酒会举办时间比较灵活，一般均在正餐前后举办，上午9：00-11：00，下午3：00-

5：00 或 4：00-6：00 比较合适，有的在正式宴会开始之前举行鸡尾酒会，目的是一方面等客人到齐，一方面有利于先来者之间相互交流，加深友谊。同时，鸡尾酒会在形式上较为自由，参加酒会的宾客可以迟到或早退，不受时间及礼节上的约束。

3. 适应面广，简便可行

鸡尾酒会适应面较广，欢聚、纪念、庆祝、告别、开业庆典、商务、交易等场合均可举办。在举办过程中，要比自助餐酒会及其他宴会简单，便于操作。

二、鸡尾酒会菜品的设计要求

鸡尾酒会菜单的内容要根据鸡尾酒会的主题、档次及特点而确定。

1. 必须根据酒会的主题来设计

举办鸡尾酒会的主题多种多样，有为庆祝、纪念重大的事件而举办的，有为欢聚、欢送、欢迎而举办的，还有用于商务活动、贸易交流等的鸡尾酒会。由于主题不同，人数有多有少，在设计菜品时，在菜点设置、展台布置上都要紧紧围绕主题。如在展台上用一些冰雕来做装饰品，最好根据主办单位要求雕刻与主题活动相关的雕品，不但可达到画龙点睛的目的，而且还起到装饰作用；在菜点安排上也要根据主题，拼摆成各种图案，烘托气氛。

2. 必须根据酒会档次来设计

鸡尾酒会的菜品必须根据主办单位的用餐标准、主题、规模、人数等因素来设计。在设计菜单时，一定要区别对待，如规模很大、标准较高，应在菜台布置上精心设计，菜点安排上不但要有小吃、点心、冷菜，还要有一些简易的热菜及客前烹制等；如规模较小，用餐标准不高，在菜台布置上就不必太豪华，菜点安排上提供一些点心小吃等菜品即可。

3. 必须根据酒会特点来设计

鸡尾酒会一般不设座位，而且以喝鸡尾酒为主，客人往往一只手端着酒杯，另一只手可以取其他食品食用。所以，在设计鸡尾酒菜品时，一是要选用用无骨、无壳、无筋的原料做成的菜肴；二是菜肴不宜太油腻；三是每一种菜点形态要小，大块原料必须切成小块，而且不能有连刀现象，要求每种食品最好用牙签或其他小匙等取食，主要目的是便于客人食用和相互交流。

三、鸡尾酒会菜品和菜单的设计方法

1. 鸡尾酒会菜单的设计内容

鸡尾酒会菜单菜点的内容一般有冷菜、干果、点心及简易的热菜等。

（1）冷菜类：有小香肠、叉烧、鹌鹑蛋、酸黄瓜、樱桃番茄等。

（2）干果类：有花生米、葡萄干、甜咸青果、腰果等。

（3）点心类：奶油蛋糕、巧克力饼干、面包托、三明治等。

（4）简易热菜类：炸虾球、脆皮鱼条、炸花菜、椒盐里脊等。

2. 鸡尾酒会菜品设计的注意事项

（1）数量不宜太多。鸡尾酒会的菜点在品种及数量上不宜太多，因为大多数鸡尾酒会均是在正餐前举办，主要为了增加气氛，达到相互交流、加深友谊的目的，而不是要让客人吃饱；

它是正餐前的一种宴请形式。所以，在设计每一种菜品时，一定要控制数量，保证每人品尝每个品种 1~3 块即可，多了浪费，少了不够。

（2）口味不宜太浓。鸡尾酒会的菜点要小而干爽、不油腻，每种菜品不宜太酸、太甜、太辣、太刺激，而且要求所有的菜点不要勾芡、不要焦煳、不要汤水等。

（3）装盘不宜太满。鸡尾酒会菜点在制作装盘时，一要讲究卫生，尤其是在一些高档鸡尾酒会上，一般派专人在餐厅肉车上为宾客切割烤熟的牛肉、香肠、烤鸭等，工作人员的各种刀具、设备、工作服、工作帽绝对要干净，操作时必须戴上手套，不能用手直接接触原料。二要对每一种食品装盘，既要讲究艺术性又不要装得太满。如果参加鸡尾酒会的人数太多，可分若干小组，每一小组的菜品应一样，也可将客人喜食的菜品，由服务人员端着来回穿梭于客人之间，使宾客们依个人喜好自行取用。这样既保证供应，又减少客人去菜台取菜因人多而拥挤的现象。

3. 鸡尾酒会菜单实例

鸡尾酒会一般可分为经济型鸡尾酒会与高档鸡尾酒会两大类。

实例 1：某酒店经济型鸡尾酒会菜单

（35 元 / 位，另收酒水每位 15 元，总人数 200 人）

冷菜类：

五香鹌鹑蛋、香肠、鸡卷、叉烧鸭肉、酸辣黄瓜、樱桃番茄。

干果类：

花生米、葡萄干、糖核桃、酸梅。

点心：

奶油小蛋糕、水果挞、泡芙、枣泥拉糕、面包托。

鸡尾酒：

配置 4 色。

实例 2：某酒店高档鸡尾酒会菜单

（80 元 / 位，另收酒水每位 20 元，总人数 500 人）

冷菜类：

鸡卷、盐水鸭肉、叉烧肉、酒醉鸽蛋、橙汁虾球、熏鱼、五香牛肉、葱油黄瓜、咖喱冬笋、樱桃番茄。

干果类：

炸腰果、甜咸青果、葡萄干、糖核桃仁、挂霜松子仁、金橘饼。

小吃类：

炸龙虾片、炸土豆条、牛肉干、鱼脯干。

点心类：

巧克力蛋糕、泡芙、水果挞、薄荷莫士饼、虾饺、小烧卖、小馒头、炸春卷、三明治、面包托。

简易热菜类：

香炸虾球、脆皮银鱼、椒盐里脊、牙签羊肉串、炸花菜、炸藕夹。

肉车表演菜：

烤牛腿、片皮烤鸭、片皮乳猪。

鸡尾酒：

配置4~6色。

四、制作鸡尾酒会菜肴的注意事项

鸡尾酒会菜肴的制作要求与自助餐菜肴的制作要求基本相似，此处不再分述。

任务四 客房送餐菜品与菜单的设计

客房送餐菜品主要是为那些因某种原因不能或不愿去餐厅就餐，或在开餐时间以外要求用餐的客人所设计的。

一、客房送餐菜品的特点

客房送餐菜品与常用的菜单设计有很大的区别。

1. 菜品制作简单

客房送餐菜品在设计上应选用一些制作工艺简便、加热时间较短的菜品。因为一旦客人需要在房内用餐，必须根据客人的就餐要求，用送餐车及保温设备，由服务员准时正确送至客人的房内。否则，很难满足客人的客房就餐要求。

2. 菜品品种较少

客房送餐菜品的品种不宜太多，要做到少而精，品种搭配要合适。因为客房送餐供应时间长，如果品种太多，会涉及较多的人工和设备，有些原料及菜品很难保证供应，反而引起客人的不满，也影响饭店的声誉。

3. 菜品质量较高

客房送餐菜品应选用原料新鲜、品质较高、富有地方特色的品种。菜品不但要口感好，而且要营养丰富、色泽鲜艳，达到色、香、味、形俱佳的效果。

4. 菜品价格较贵

客房送餐菜品售价要比其他就餐形式的菜品价格贵一些，因为饭店为了满足这些房内用餐客人的特殊需求，必须增加必要的送餐设备和人员。要求房内用餐的客人，为求方便一般对价格不是太敏感，只要定价合理、服务优质，客人均能接受。

二、客房送餐菜品的设计要求

客房送餐菜品的设计要根据饭店的档次及用餐对象做到套餐与零点菜品并立、早餐与正餐并重、中餐与西餐并存。

1. 套餐与零点菜品并立

客房送餐菜品的设计应考虑客人的多种多样，因为住店客人有外国人，也有中国人，有健康人，也有亚健康人，他们的要求不一样，如外国人喜喝牛奶，吃面包；中国人喜喝绿茶，吃包子等；糖尿病客人不敢吃甜食，甲亢病人不敢吃含碘太多的食品等。所以，客房送餐菜品既要设计套餐式，又要设计一些零点菜品，以满足不同客人的饮食需求。

2. 早餐与正餐并重

一般客房送餐菜品设计都以早餐为主，而忽视了正餐的内容，这就难以满足对一些不愿去餐厅就餐，或在开餐时间以外要求在房内用正餐的客人的需求。所以，在设计客房送餐菜单时，要全面考虑客人的需求，菜单中有早餐菜单，也有正餐菜单（午、晚餐菜单）。这样不但方便了客人，而且有利于厨房预先做好准备。

3. 中餐与西餐并存

客房送餐菜单在设计时，要考虑中外客人的饮食需求，既要有西餐的内容，又要有中餐的内容，方便客人根据菜单内容，自由地选择自己喜食的菜品。

三、客房送餐菜单的设计方法

（一）客房送餐菜单的设计内容

客房送餐菜单按销售形式一般可分为套餐菜单与零点菜单。

1. 客房套餐菜单内容

客房套餐菜单又可分欧陆式、美式、地方式三种。

（1）欧陆式，一般以果汁、麦片、面包类菜肴、饮品等为主。

（2）美式，一般以果汁、麦片、蛋类菜肴、饮品等为主。

（3）地方式，一般以有地方特色的菜点、饮品等为主。

2. 客房零点菜单内容

客房零点菜单又可分为果汁与鲜果、谷麦类、面包类、蛋类、地方风味、饮品等。

（1）果汁与鲜果，有西柚汁、胡萝卜汁、新鲜水果等。

（2）谷麦类，有麦片、玉米片等。

（3）面包类，有牛角包、丹麦包等。

（4）蛋类，有煎鸡蛋、煮蛋等。

（5）地方风味，具有地方特色的菜点、饮品等。

（6）饮品，有茶、咖啡等。

（二）客房送餐菜单设计中的注意事项

1. 要规定客房送餐的时间

客房送餐一般分为早餐与全日送餐两种。在设计菜单时，必须写明各餐别的送餐时间。如早餐一般规定在 6：00-10：00 为宜，全日餐应视酒店星级标准的高低来决定送餐的时间，一般要求五星级饭店 24 小时保证房内用餐的供给，星级略低的饭店供给房内用餐的时间可略作变动。

2. 要明确订餐方法

客房送餐菜单在设计中要写明订餐的方法，如需要什么菜品，可以直接在菜单上打“√”，可写明所需用餐时间等；也可用电话订餐，但在菜单中必须注明联系电话及联系部门或何人，便于客人随时订餐。

3. 要确定菜品的分量

客房送餐菜单中每一个菜品都应注明售价及是否另加服务费，对每个菜品的分量也应作明确的规定（有些菜单上不注明，但厨房内必须要掌握），在菜肴制作中按标准化、规范化操作，保证菜肴质量。

（三）客房送餐菜单设计实例

一般按餐别可分为早餐菜单与全日菜单两种。

1. 某五星级酒店客房送餐早餐菜单

（1）早餐零点菜单

（如果您需要早餐零点，请在下列品种中选择，并在□中打“√”）

果汁与鲜果

果汁 32.00

□橙汁

□番茄汁

□西柚汁

□菠萝汁

鲜榨果汁 36.00

□橙汁

□西瓜汁

□胡萝卜汁

□黄瓜汁

鲜果拼盘

□小盘 36.00

□大盘 70.00

谷麦类

□热麦片 30.00

□糖霜玉米片 30.00

□全麦片 30.00

□玉米片 30.00

（所有麦片均配鲜奶）

面包类

□早餐面包篮 30.00

□牛角包 20.00

□丹麦包 20.00

□法式吐司配黄油、果酱 26.00

□吐司配黄油、果酱 20.00

蛋　类 40.00

□自选鲜蛋 2 只

□煎蛋

□单面或双面

□炒蛋

□水波蛋

□煮蛋

加　配

□火腿 8.00

□培根 8.00

□香肠 8.00

地方风味		饮　品	
□豆奶	18.00	□咖啡	38.00
□白米粥	18.00	□英国红茶	38.00
□什锦酱菜	8.00	□中国名茶	38.00
□豆腐乳	8.00	□鲜牛奶	30.00
□油条	14.00	□热巧克力	38.00
□素菜包子	14.00	□意大利特浓咖啡	38.00
□五香蛋	12.00	□咖啡拿提	48.00

（2）早餐套餐

（如果您需要哪种套餐，请在下列品种中选择，并在□中打“√”）

□欧陆式早餐　　88.00

请从早餐零点中选择一款水果（或果汁）、麦片、面包和饮品

□美式早餐　　118.00

请从早餐零点中选择一款水果（或果汁）、麦片、面包、蛋类和饮品

□地方风味早餐　　68.00

□白米粥或豆浆、油条和蔬菜包

□绿茶或茉莉花茶

（注：上述各菜名均标有英文，各菜品另加 15% 服务费。）

2. 某五星级酒店客房全日送餐菜单

（1）全日零点菜单

（如果您需要哪种零点菜肴，请在下列品种中选择，并在□中打“√”）

冷菜类		面食类	
□盐水鸭	30.00	□什锦炒饭	28.00
□五香牛肉	28.00	□三鲜炒面	28.00
□朝鲜泡菜	18.00	□肉丝面条	28.00
□卤冬菇	26.00	□素浇面	18.00
□皮蛋	20.00	□炸春卷	10.00
□蒜泥黄瓜	20.00	□豆沙包子	8.00
□什肉沙律	28.00	□虾肉馄饨	25.00
热菜类		**汤　类**	
□蘑菇炒蛋	30.00	□榨菜肉丝汤	20.00
□川椒虾球	78.00	□番茄蛋汤	20.00
□虾仁炒蛋	38.00	□素菜豆腐汤	20.00
□脆皮鱼条	68.00	□莼菜鱼圆汤	36.00
□干炸里脊	48.00	□酸菜鱼片汤	50.00
□黑椒牛柳	48.00	**水果类**	
□宫保鸡丁	38.00	□水果三拼	36.00

□炸土豆条	28.00	□水果五拼	70.00
□麻辣豆腐	28.00		
□青椒豆腐	20.00		
□清炒时蔬	20.00		

（2）全日套餐菜单

（如果您需要哪种全日套餐，请在下列品种中选择，并在□中打“√”）

□中式套餐（A） 138.00
盐水鸭
虾仁炒蛋
清炒时蔬
豆沙包子
榨菜肉丝汤
水果三拼

□中式套餐（B） 168.00
五香牛肉
宫保鸡丁
清炒时蔬
虾肉馄饨
莼菜鱼圆汤
水果三拼

□中式套餐（C） 118.00
盐水鸭
朝鲜泡菜
皮　蛋
蒜泥黄瓜
肉丝面条

（注：上述各种菜名均标有英文，各菜品另加 15% 服务费。）

四、制作客房送餐菜肴的注意事项

客房送餐菜肴的制作与零点菜肴的制作要求基本相似，但必须注意如下几点：

（1）菜肴盛装时，不宜太满。尤其有汤汁的菜肴，更要注意盛器的选用及数量的控制，否则因汤汁外溢而影响菜肴卫生与客房地毯卫生。

（2）菜肴送餐时要注意保温。因为很多酒店客房离厨房的距离很远，如不使用保温设备，很容易使菜变冷或变味而影响菜肴质量。

总之，特种餐菜单的设计种类很多，如早茶菜单、航空菜单、儿童菜单、糖尿病人菜单等，只要在工作实践中不断地探讨和总结，就会使各种特种餐菜单的设计更加科学合理。

复习思考题

1. 常见火锅可分哪几大类？举例说明。
2. 火锅菜单与菜品的设计与其他菜相比有何特点？其设计要求有哪些？
3. 自助餐菜单与菜品设计的特点有哪些？
4. 在设计自助餐菜单时应注意哪些事项？
5. 鸡尾酒会有何特点？设计鸡尾酒会菜单与菜品时有哪些要求？

6．客房送餐菜单与菜品设计的特点有哪些？其要求怎样？

7．试设计一份自助火锅菜单，要求如下：

（1）售价每位50元，另收座汤10元，销售毛利率48%。

（2）品种做到荤素搭配，比例各占50%，品种数量不少于30种，底汤不少于3种。

8．怎样制作自助餐菜肴？举例说明。

9．根据你所学的知识，设计一份100人的经济型鸡尾酒会菜单，售价每位38元，销售毛利率55%。

10．制作客房送餐菜肴时，应注意哪几点？为什么？

模块十

菜单与宴席设计改革和创新

学习目标

- 了解菜单与宴席设计改革的意义
- 掌握菜单与宴席设计改革的内容
- 了解菜单与宴席设计的创新要求
- 掌握菜单与宴席设计创新的思路和方法

经过历代餐饮工作者的努力，已形成了具有中国特色的饮食文化，菜单与宴席设计的构成、餐饮环境的布置及饮食礼遇等均蕴藏着极其丰富的文化内涵。菜单与宴席设计在历史发展的长河中也不免存在一些历史局限和糟粕，如通过宴席斗富、铺张浪费、喜食珍奇、烹制菜肴时故弄玄虚、忽视营养卫生以及不雅的宴席规定等。随着现代社会的发展，人们需要对菜单与宴席加以改革，使菜单与宴席设计更加适应时代的要求。

任务一

菜单与宴席设计改革的意义

随着社会不断发展和进步，对中国传统的菜单与宴席进行改革势在必行，我们要充分认识我国源远流长的传统宴席的优点及存在的问题。主要表现在如下几方面：

（1）菜单与宴席中菜品数量多

在设计宴席菜单时，注意选用名贵山珍海味，以动物性烹饪原料为主，配以名蔬佳果为辅。菜品道数繁多，席面剩余菜品多，浪费大，需要改革。

（2）烹饪工艺精湛

制作宴席菜单的菜品时，十分注重菜品的火候掌握和富于变化的调味技巧。注重菜品色、香、味、形、质量的配合变化。

（3）讲究饮食文化

菜单与宴席体现了饮食文化内涵，食用与艺术相结合，寓艺术于菜品之中，给人以美的享受，这是中国烹饪的重要特色。

（4）菜品烹制时间长

宴席菜品制作工艺复杂，耗费大量人力、物力，制作成本高，加工过程所需时间长。主要消费对象是上层社会，适应面窄。

（5）就餐过程礼仪讲究

参与宴席常被作为社会交往和应酬的工具，功利作用明显。

（6）过于注重形式

在宴席制作过程中，以好看为主要目的，有些原料加工技法有破坏食物营养成分的问题，应加以认真研究、仔细分辨，决定取舍。

随着时代的进步，菜单与宴席改革有着明显进步，但仍有不够理想的地方。特别是近些年，由诸多原因所致，在菜品与宴席设计中，产生了四大弊端：①全面追求奇珍异馔。②讲究排场，品种丰富。③营养比例失调。④浪费想象严重。为此，菜单与宴席设计改革更显迫切，其现实意义表现在以下几方面。

一、菜单与宴席设计改革是社会发展的必然规律

聚餐与宴席作为人们之间的交往礼仪行为，在人类社会存在是正常和必要的。特别在经济日趋发达的现代社会，正确和合理选用聚餐与宴席的方式，有利于人们之间思想、感情、信息的交流和公共关系的改善，聚餐与宴席频繁地出现在社会生活的各个方面是大势所趋。对菜单与宴席设计进行改革的总原则应当是，从中国现阶段的国情、民情出发，顺应社会潮流；科学地指导食物消费，切实保证烹饪营养卫生，注重实际效益，努力树立社会新风尚，保留中国烹饪饮食文化中的优良传统，注重科学组配，使菜单与宴席设计更加适应社会发展的新潮流；实现菜单与宴席设计革新从感性到理性的认识飞跃，加大菜单与宴席设计的改革力度，加快菜单与宴席设计改革的进程是社会饮食文明进步的表现，也是社会发展的必然规律。我们要以这种现代文明饮食观，审视和改革我们现在的菜单与宴席设计。

二、菜单与宴席设计改革是消费者的必要需求

菜单与宴席设计改革应从中国现阶段的国情、民情出发，顺应餐饮社会潮流，满足广大消费者需求。科学地指导与调整食物消费，切实保证营养卫生，注重实际效益，努力树立时代饮食新风尚。人们的饮食正由“温饱型”向“营养型”过渡，认识到菜单与宴会设计的弊端，才能接受并参与菜单与宴席设计的改革。一般来讲，广大消费者要求菜单与宴席做到精、全、特、雅、省。保留它的饮食文化风采，强化它的科学成分和时代气息。

三、菜单与宴席设计改革是经营者的必走之路

餐饮企业是举办饮食宴席的主要活动场所，现代餐饮业经营者的宴席观、饮食价值观和菜单设计制作观，对菜单与宴席设计改革的成败十分重要。餐饮业要进行一系列菜单与宴席设计改革是社会经济发展的需要，积极进行菜单与宴席设计观念的更新，掌握现代营养与饮食科学知识，认识到进行菜单与宴席设计是现代文明高度发展的必然趋势和广大消费者的迫切愿望。要消除菜单与宴席设计的改革会使经济效益暂时下降的思想顾虑，充分挖掘烹饪技艺的潜能，改革菜点烹饪工艺流程，树立新烹饪、新菜点、新餐饮的观念，必定会受到广大消费者欢迎，使菜单与宴席设计改革符合社会发展潮流，引导消费者正确的饮食观。

任务二

菜单与宴席设计改革的内容

菜单与宴席设计的改革是社会发展的必然趋势，其变化经历了变革、创新、规范、再变革、再创新、再规范的过程。从人类饮食文明发展的过程来看，当人类已经解决温饱和达到“小康”生活水平后，聚餐与宴席不再是权力、地位、金钱的象征，而是人们健康、社交、娱乐的需求。从我国聚餐与宴席演变情况看，它们总是在时代潮流的冲击下，不断解脱固袭的轨迹，在竞争中求生存，在开拓中觅路径从而以新的形式与内容来吸引广大消费者，其改革内容包括以下几方面。

一、菜单与宴席设计在菜名上的改革

菜品的命名之美，是中国菜点的特色之一。美妙的菜名，能收到“先声夺人”的良好效果。食客未见其物，未尝其味，则已因菜名而兴趣盎然，充满期待。

（一）菜名改革的具体要求

菜品命名并非随心所欲，而是按照菜单内在的规律，结合设计流行趋势进行。通常可考虑以下几个方面：

1. 菜名要名副其实

历代文人墨客，尚食厨膳，对菜名都精于求工，其手法和格式也众多。有的使用朴实而清晰的词语命名，力求名副其实，使人们从菜名可以看出菜品的特色和全貌。这种方法大多利用菜肴的主料、辅料、烹饪方法、色香味形特色以及人名、地名等来制定菜肴的名称，使人感到雅致切体、朴素大方，并能增加人们食欲。如“冬笋炒鸡片”、“盐水基围虾”、“清蒸鳜鱼”、“香酥鸡”、“红烧肉”。

2. 菜名要引人食欲

有的菜名针对客人的猎奇心理，重点突出菜肴某一特色，加以渲染，以诗情画意、富丽典雅的菜名，引起客人无限遐想，增加就餐者食欲。如“美极基围虾”、“0K 酱鱼片”等。

3. 菜名要雅致得体，富有寓意

采用文学上赋、比、兴等方法，着意美化菜名，或利用谐音转借，或利用象形，或借历史掌故，或衬以吉祥如意，或借比喻并带有夸张等，这种方法运用广泛并带有较高的艺术性。如“发财鱼圆（发菜鱼圆）”、“年年有余（清蒸鳜鱼）”等。

4. 菜名要充满想象，耐人寻味

中国菜名充满了艺术性，它想象丰富、比喻精妙、情趣高雅、意境深远，给人以文化的熏陶，艺术的美感，如“锦绣山河（五彩芋卷）”、“五谷丰登（什锦蔬菜）”。

（二）菜品的命名方法

1. 写实命名法

即如实反映原料搭配、烹饪方法、菜肴特色或冠以发源地等，都突出主料名称，如取其“真实名称”的“清蒸鮰鱼”、“花菇扣鹅掌”、“冰糖官燕”、“金陵盐水鸭”等。

2. 会意法

往往针对消费者搜奇猎异的心理或风俗人情，抓住菜品特色加以形容夸张，如广东名菜“龙虎斗”、江苏名菜“三套鸭”。

3. 形象法

利用菜点成品形象来命名菜品，如“佛手白菜”、“松鼠鳜鱼”等。

4. 人物法

以历史人物和官名来命名的菜品。如“宫保鸡丁”、“东坡肉”、“贵妃鸡”等。

5. 拟古法

一般以历史故事、神话传说或民俗风情为素材，从字面上看不出什么菜品，也不知其风味特色和原料构成，但具有某种历史和文化典故。如“红娘自配”、“佛跳墙”、“护国菜”等。

二、菜单与宴席设计在质量上的改革

菜点的数量与质量是菜单与宴席设计的主要任务，我们既应适当控制菜点数量，防止堆盘叠碗的现象，又需改进烹饪技艺，使菜点精益求精，重视口味与质地，提升菜点的口感，具体从如下几方面进行改革。

1. 菜单与宴席在数量上的改革

勤俭节约、科学膳食是社会发展的必然趋势，量力而行消费是现代人的一种风尚，被社会各阶层消费者所接受。过去讲究豪华的一桌宴席上万元、菜品中包金镶银的风俗乃至猎食国家明令禁止的野生动物的违法行为得到有效的抑制，讲排场、相互攀比的“高消费”宴席逐步减少，讲究实惠的宴席普遍流行。把菜品的数量控制在适当范围，符合消费者需求，防止宴会菜品过多，而造成浪费。

2. 菜单与宴席在饮食文化上的改革

现代餐饮企业在注重菜品的同时也注重饮食礼仪、强化饮食的情调，提高服务质量。在品尝美味佳肴时播放优雅的背景音乐，有时观赏文艺表演，特别是一些重大的大型宴席上有时还边吃边观看歌舞表演。音乐、舞蹈、绘画等艺术形式都将成为现代宴席的重要组成部分，体现中华民族饮食文化的风采，起到陶冶情操、净化心灵的作用。

3. 菜单与宴席在菜品规格上的改革

现代餐饮在规格上讲究菜品的实惠，以够吃为标准，向“四菜一汤”或“三菜一汤”方向发展，一是省费用。粗料细作，同样可以达到较好的宴请效果，不盲目追求高档原料、讲究排场。二是省时间。这样宴席就餐时间就紧凑合理，时间不会拖得太长。

4. 菜单与宴席在菜品造型艺术上的改革

菜品色彩造型艺术是增加就餐者食欲的重要途径。菜品造型及色泽应尽量保持烹饪原料自然形态和色彩，使每一桌菜品造型优美，色彩丰富多彩，富于变化，适应消费者不断发展的需求。

5. 菜单与宴席在菜品风味特色上的改革

菜品要富有地方风情和民族特色，不能从东到西，由南向北都是一个“味”。对待外地宾客，在兼顾其口味嗜好的同时还可以适当安排本地名菜，在菜单与宴席改革中做到菜品风味各异。

三、菜单与宴席设计在营养卫生上的改革

1. 菜单与宴席讲究菜品的营养化

中国烹饪，要在继承传统的烹饪技艺的基础上，吸收海外烹饪经验，与现代科学结合起来，以营养为前提，保证色香味形的完美统一，保障和提高我们民族的体质。注重菜品的营养合理搭配，必须使营养学从单纯研究食物养分的狭窄天地中解脱出来，强调在现有的菜品制作基础上，讲究菜品营养素科学组配。这样可以提高现有原料的营养价值和现有原料中营养的利用率。讲究营养不是片面的要人们得“好”，而是要人们吃得科学合理。同样的经济支出，不讲营养乱吃和讲营养科学合理吃，对人体带来的效果是完全不同的。饮食科学，是人类讲究文明发展的必然趋势。中国烹饪的发展，必须走向科学化、营养化的道路，才能永葆“烹饪王国”的美誉。

在进行菜单与宴席设计时要做到饮食结构向着营养化方向发展，更加合理、科学的绿色食品越来越多在宴席餐桌上出现。宴席的营养全面化体现在要依据国际、国内科学饮食标准设计宴席菜单，大力提倡根据宴席就餐人数实际需求设计宴席菜单。在实施过程中做到用料广博、荤素调剂、营养组配全面、菜点组合更加合理。在烹饪原料选择、菜品的配置、宴席的规格上，都要符合饮食的平衡，使宴席菜单设计更加科学化。

2. 菜单与宴席讲究菜品的卫生化

现代餐饮企业更加注重菜品营养卫生，进餐方式由集餐式向分餐方向发展，采用“各客式”、“自选式”、“分食制”，当今高档宴席基本上实现分餐各客制，既卫生又高雅，增加服务的水准。

四、菜单与宴席设计在烹调方法上的改革

1. 烹调方法多样化

菜单与宴席改革要保持地方风情和民族特色，在菜品的口味上要有变化，烹调方法不能千篇一律，色泽和造型要讲究艺术性，使烹调方法呈现百花齐放的局面，充分突出地方名菜，发挥烹饪技术特长。

2. 烹调速度快速化

现代餐饮企业对宴席菜品的烹制过程，讲究规格的统一性。在加工烹饪原料或某些菜品

时，会更多采用集约化生产方式，半成品乃至成品出现在宴席菜品制作中，使烹饪过程更加快速科学，符合社会餐饮发展潮流。

3. 烹调操作科学化

菜品的烹调是厨师有计划、有目的、有程序地对原料进行加工，使之能满足人们生理需要的加工过程。随着科学研究的不断深入，烹调工艺也将越来越完善，用现代科技成果和手段，指导烹饪实践，找出影响菜品质量的工艺环节，不断丰富和发展新工艺，使菜品烹调操作过程更加规范和科学，使菜品烹调操作过程更加合理。

4. 烹调工艺的标准化

菜品的烹调操作由经验型向科技型转变，增加操作的正确性，减少随意性，对烹调加热时间、加热温度、原料用量等的标准化，使宴席菜品更加符合餐饮者的需求。

任务三 菜单与宴席设计的创新

菜单与宴席设计，既要注重历史传承性，又要注重改革创新。每一时代的菜单与宴席虽然是从前代演变而来的，但又不同于前代。其发展过程有相似之处，也有相异之处。从我国菜单与宴席设计演变历史看，它们总是在时代潮流冲击下，不断解脱因袭的绳索，在竞争中求生存，在开拓中求发展，从而以新的菜单与宴席设计形式和内容来推动餐饮的发展。我们要拓宽菜单与宴席设计的思路，以便继往开来，推陈出新，不断设计出适应时代潮流的新的菜单与宴席。

一、菜单与宴席设计的创新要求

菜单与宴席设计进行改革，应顺应社会潮流，掌握菜单与宴席创新的基本要求。

1. 突破传统束缚改造菜单与宴席

中国的饮食文明，已有几千年的历史。传统宴席菜单中许多优秀的成分，我们要继承和保护。但在创新过程中，我们不能受传统菜单与宴席的局限，要突破传统束缚，克服一切阻力和历史的惰性，把菜单与宴席变革落实到实际餐饮经营活动中。

2. 体现菜单与宴席的烹饪风格

中国几千年的文明史和博大精深的烹饪技艺，造就了“食在中国”的美誉。菜单与宴席改革要兼顾传统的饮食传统和礼仪观念，使宴席具有一定规格和气氛，能显示待客的真诚和友情的分量，达到宴请的效果。

3. 菜单与宴席的创新需围绕市场需求

菜单与宴席的创新不能故弄玄虚，必须从市场需求出发，在设计宴席时做到膳食搭配合理，充分利用绿色食品，尽量满足客人的需求。制定宴会菜单标准要高、中、低不同价格、数量、档次的均有。只有顺应餐饮市场潮流，创新更多更新的宴席菜单品牌，才能满足于人们的饮食需求。

二、菜单与宴席设计的创新思路

（一）继承传统与改良相结合

传统菜单与宴席是我国烹饪文化的瑰宝，凝聚着历代厨师的智慧和创造力，创新从地方性、民族性的角度去开拓是最具有生命力的。

1. 民族性是菜单与宴席创新的精髓

浓郁的民族个性，在菜单与宴席创新中，应当得到重视和强化。菜单与宴席创新应从选料、加工，到刀工、组配、烹调、装盘等都注意发掘民族个性特长，烹饪工作者要熟悉了解本民族菜单与宴席制作的风味特点，在创新中不能盲目照搬别人的做法，而要突出本民族特色菜。从而用民族饮食文化的独特性，尽可能地满足中外宾客的需求。

2. 菜单与宴席创新是各民族交流的结果

不同民族间的相互吸收、交流互补，是菜单与宴席创新的动力。中外菜单与宴席的互相借鉴，会刺激和促进某一国家、民族、地区饮食文化的繁荣和发展，在不同菜单与宴席文化模式的撞击整合中推动饮食文化的进步。

（二）饮食习惯与时代发展需求相结合

现代消费者在保持传统饮食习惯的基础上十分关注餐饮的时尚，他们在选择就餐时，往往把流行时尚的菜单与宴席作为首选。创新的菜单与宴席为时尚标志之一，餐饮企业经营管理中都十分重视这一课题。每一次菜单与宴席潮的出现，对餐饮企业都是一个发展机遇。谁占领市场，就能获得良好经济效益和社会声誉。不同时代创出的菜单与宴席风格是不同的。从远古、上古、中古、近代、现代的菜单与宴席的制作和创新来看，是一部由简单到复杂，由满足人们生理到满足心理要求的发展史，菜单与宴席创新具有强烈的时代性，不同的时代人们对饮食的追求是不同的。我们应根据时代的发展，创造出更多的时尚菜单，满足人们的饮食需求，如下几种宴会菜单比较富有特色。

1. 茶宴席的菜单

茶起源于中国，传播于世界。我国古时就有用茶来宴请宾客，也称茶宴、茶肴。在唐代，茶菜是作为宴席膳肴而专供达官贵人享用。茶宴菜单有：贝酥茶松、双色茶糕、乌龙顺风、观音豆腐、碧螺腰、茶叶鹌鹑蛋、旗枪琼脂、红茶牛肉等色、香、味、形俱佳的茶菜冷盘。热菜则有太极碧螺春羹、紫霞映石榴、茶香鸽松、乌龙回春白、红茶焖河鳗等。最后助兴的工夫茶则有消积食、去油腻的作用。

2. 金秋时节蟹宴菜单

阳澄湖畔的厨师，利用阳澄湖的特产大闸蟹而制作了独具特色的“菊花蟹宴”，为中国宴席增添了华丽的篇章。他们精心制作了清蒸大蟹、透味醉蟹、异香蟹卷、姜葱蟹钳、芙蓉蟹肉、鸳鸯蟹玉、菊花蟹斗、仙桃蟹黄、口蘑蟹圆、蟹黄鱼翅、蟹黄菜心等蟹肴，以及蟹黄小笼、南松蟹酥、蟹肉方糕等蟹点于上席的“菊花蟹宴”，可谓“食蟹大全”。

3. 饺子宴菜单

西安厨师，通过精心研究丰富化，通过皮、馅、形、色的不同，将中国传统的饺子食品首创了“饺子宴”，融烹饪技术与造型艺术于一体，饺形各不相同，有象征吉祥如意的“龙凤呈祥”、“满载而归”、“雪中送炭”饺；有造型生动的龙凤、金鱼、蝴蝶、白兔饺。它的馅料选自各地名产品，如鱼翅、海参、干贝、驼掌等，中国食文化的精华材料几乎都荟萃于此了。上饺的次序也是按人们的口味习惯，炸、煎、蒸、煮依次而上。味道有甜有咸，再麻辣或怪味等，真是神州一绝。

（三）广泛交流与推陈出新相结合

创新思维不是在封闭中产生的，而是在开放和比较中形成发展的。中外烹饪界之间的交流、地方菜之间交往的增加，使餐饮界开阔了视野，看到宴席的发展变化和自己宴席原有的不足，并对这些材料进行综合分析，吸取一切可以利用的素材，在全国各地产生一些改良的菜单与宴席，如中西合璧的宴席菜单，使中国传统烹饪开放出鲜艳的花朵。任何菜单与宴席创新都是人类文化长期历史演变的结果。需要不断推陈出新，改变观念。

（四）挖掘烹饪原料与烹饪技法相结合

1. 充分利用各种原料

烹饪原料的广博，为中国各地菜品制作与创新形成独特风味奠定了物质基础，为菜品创新提供了优越的条件。认识和发现烹饪原料，便是烹饪求变化，菜品出新招的一个重要方面，在烹饪实践活动中，烹饪原料是一切烹饪活动的基本条件。而菜品创新，更是不可忽视原材料的变化。中国菜品的烹饪原料丰富多彩，在制作菜品中如果广大烹饪工作者从烹饪原料的变化出发，将传统名菜的风格加以适当的改变，或添加新的烹饪原料，或变化技法等，都会烹制出独特的菜品。

2. 充分运用各种调味品

调味是指在烹调中，运用各种调味品及调味技法调制食物口味的工艺。调味是烹调食物时决定菜点风味、质量优劣的关键工艺，也是衡量烹饪技术水平的重要标准。创新的源泉之一取决于调味的利用配制，主要是合理地运用调味料。我国历代厨师在调味方面积累了许多经验，值得烹饪工作者加以利用和发扬。“口之千味，有同嗜也”，这提醒我们在实际工作中应提高菜品的质量，以适应广大消费者的共同需要；“食无定味，适口者珍”，更应该从不同顾客特殊需求出发，保持和发扬各地菜品的独特风味，从口味上入手，创新菜品。

3. 广泛采用烹饪技法

在烹饪实践活动中通过烹饪工艺的学习、引进、交叉、综合等，可使一些传统菜品得到合理改良，更加适合消费者需求，新工艺得到合理利用，而使新菜品不断产生。

在对各种烹饪文化要素进行选择、吸纳与融合，继承人类各民族精华，从而拓宽菜单与宴席设计创新的视野。

当今中国餐饮业进入了一个快速发展时期，人们对菜肴的需求发生了很大的变化，餐饮业也随着社会的发展而不断变化，我们要不断强化创造意识，善于学习菜单与宴席知识，掌握菜单与宴席创新的方法。

三、菜单与宴席设计的创新方法

1. 分析名宴菜单，取其精华

我国有全羊宴菜单、豆腐宴菜单、海参宴菜单、烤鸭宴菜单、全素宴菜单等著名宴席菜单。明清两代菜单与宴席设计初具规模，具有一定的制作水平。新中国成立后，经过不断发展，烹饪界从原料选择、烹饪工艺、菜品组合、装盘及造型工艺等方面对名宴菜单进行改良，使菜单与宴席的品位不断提高，风味更加独特，吸引广大食客。这种创新使名宴菜单不断完善，从菜单内容到制作手法都发生变化，影响更大。

2. 借鉴古宴菜单，巧变形式

千里不同风，各宴样不同。借他人之长，补自己之短，这是中国厨师一贯的制作方针。例如，民国年间相继出现的川、粤、鄂、晋各式的“满汉全席菜单”，大都沿用清宫满汉全席的格局，继承其中的名菜，相继补充本帮相近的菜品，参照本地饮食习俗改造成本地菜系的风味特色。这些新式的满汉全席既有旧式满汉全席的风韵，又融合了本地菜点的独特风味，古今结合，各自形成风格。当今的“满汉全席”无论在内容，饮食方式及制法上都有新的内涵。

3. 触类旁通，联想变化

这种方法就是有意识改变思维定式，对某种菜单与宴席从新角度去思考，从而开发出独特新颖菜单与宴席。例如，明清“全羊席菜单”以款式多、变化巧、规模大深受食客欢迎。后来烹饪界广大厨师深受启示，利用其他原料仿制，相继创造出“全鱼宴菜单”、“全鸡宴菜单”、“全鸭宴菜单”等。这些新菜单与宴席的菜品，组配合理、构思巧妙、烹制讲究，同样深受人们喜欢。

4. 改良名宴，模仿出新

改良法就是将中国传统菜或其他菜肴，根据现代人的饮食习惯和审美需求，改革创新，成为人们所喜欢的菜品或宴席。如“周代八珍宴菜单”影响广泛，加以改良创造出“水陆八珍菜单”、“海八珍菜单”、“江鲜八珍菜单”等，保留宴席名称，更换菜单内容，使八珍宴席菜单日新月异。改良法源于传统，高于传统才有无限的生命力。

5. 顺应潮流，打破传统

我国有些传统宴席菜单，尽管在历史上较有影响，但是由于人们意识的改变和国家法规发生变化，不能满足人们的饮食需求，如“穿山甲宴席菜单”、“熊掌宴席”，这些动物均属国家野生保护动物，不得捕杀，所以逐渐被淘汰。但我们只要不断开拓，利用其他材料代替，能创造出更多、更新的宴会菜单。

6. 开发品牌，扩大影响

新世纪到来，餐饮企业面对挑战，把现代科学技术渗透到菜单与宴席开发中，树立餐饮经营特色和菜单与宴席的品牌，立足传统菜单与宴席，创新发展菜单与宴席，使现代菜单与宴席的文化含量逐步提高。餐饮企业要得到生存与发展，要想在市场上独树一帜，就要实施菜单与宴席的品牌战略，只有这样才能使企业在消费者心目中立于不败之地。创造更多面目一新的现代菜单与宴席，像“江鲜宴席菜单”、“秦淮风味小吃宴菜单”，以及“水果宴菜单”、“鲜花宴会菜单”、“海鲜宴菜单”，打破宴席菜单设计的常规，把菜单与宴席的创新引向更为广阔的天地。

复习思考题

1. 简述菜单与宴席设计改革的意义。
2. 菜单与宴席设计在营养卫生上应该怎样改革?
3. 菜单与宴席设计在烹饪方法上如何改革?
4. 试述菜单与宴席设计的创新思路和方法怎样。

参 考 文 献

[1] 林则普 . 烹饪基础 . 北京 : 中国商业出版社，1994.
[2] 林德荣 . 餐饮经营管理策略 . 北京 : 清华大学出版社，2007.
[3] 巩隽 . 餐饮服务与管理 . 北京 : 冶金工业出版社，2008.
[4] 贺习耀 . 旅游包餐菜单的设计 . 中国食品杂志社，2008.
[5] 陈光新 . 中国餐饮服务大典 . 青岛 : 青岛出版社，1998.
[6] 周宇，颜醒华 . 宴席设计实务 . 北京 : 高等教育出版社，2003.
[7] 丁应林 . 宴会设计与管理 . 北京 : 中国纺织出版社，2008.
[8] 侯汉初 . 川菜宴席大全 . 成都 : 四川科学技术出版社，1987.
[9] 吴正格 . 满汉全席 . 天津 : 天津科学技术出版社，1986.
[10] 许顺旺 . 宴席管理——理论与实务 . 长沙 : 湖南科学技术出版社，1996.
[11] 苏伟伦 . 宴席设计与餐饮管理 . 北京 : 中国纺织出版社，2001.
[12] 陈光新 . 中国筵席宴会大典 . 青岛 : 青岛出版社，1995.
[13] 方爱平 . 宴席设计与管理 . 武汉 : 武汉大学出版社，1999.
[14] 万光玲，贾丽娟 . 宴席设计 . 沈阳 : 辽宁科技出版社，1996.
[15] 任百尊 . 中国食经 . 上海 : 上海文化出版社，1999.
[16] 贺习耀，眭红卫 . 家常便宴的设计与制作 . 烹调知识，2007.
[17] 施涵蕴 . 菜单计划与设计 . 沈阳 : 辽宁科学技术出版社，1996.
[18] 杜莉，姚辉 . 中国饮食文化 . 北京 : 旅游教育出版社，2005.
[19] 贺习耀 . 乡村家宴的设计与制作 . 武汉商业服务学院学报，2008.
[20] 张水芳 . 饭店餐饮管理 . 重庆 : 重庆大学出版社，2007.
[21] 陈光新 . 中国餐饮服务大典 . 青岛 : 青岛出版社，1999.
[22] 贺习耀 . 零点菜单的设计与使用 . 四川烹饪高等专科学校学报，2007.
[23] 贺习耀 . 如何评价菜品质量 . 餐饮世界，2007.
[24] 万玉梅 . 论从宴会看烹饪科学的归属和性质 . 武汉商业服务学院学报，1998.
[25] 贺习耀，眭红卫 . 宴会席菜单的设计 . 餐饮世界，2007.
[26] 贺习耀 . 农民工膳食调理浅析 . 消费导刊，2008.
[27] 陈光新 . 烹饪概论 . 北京 : 高等教育出版社，1998.
[28] 王珊珊，李继强 . 饮料与调酒 . 天津 : 南开大学出版社，2005.
[29] 吴克强 . 餐厅领班读本 . 沈阳 : 辽宁科学技术出版社，1999.